JN028133

ウソみたいな宇宙の話を大学の先生に解説してもらいました。

著
総合研究大学院大学　講師
平松正顕
協力
ナゾロジー（科学ニュースサイト）

はじめに

すべてが生まれたビッグバン、すべてのものを吸い込むブラックホール、数千億の星が渦を巻く銀河、地球サイズの惑星を7つも従える星…。この宇宙には、ウソみたいな話が数えきれないほどあります。現代の人には常識ですが、「地球は丸い」「地球は太陽の周りをまわっている」「ロケットに乗れば月まで飛んで行ける」というのも、昔の人にとってはウソみたいな話だったかもしれません。ウソみたいな話を常識にしてきたのが人類の歴史である、といっても過言ではないでしょう。

もちろん、ウソみたいな話のまま終わってしまったものもあります。「火星に運河がある」「太陽に彗星がぶつかって、飛び散った破片から地球ができた」など、後の研究で否定された説は多くありますが、別に研究者がウソをついていたわけではありません。その時代の人たちはこれらの説を真剣に考えていたのです。結果的に説が間違っていたとしても、考えたことそのものに価値があるのです。

では、ウソみたいな話が常識になるのはいつでしょう。研究は論文という形で発表され、研究者の間で検証されます。天文学なら、別の望遠鏡で観測されることもあれば、理論的な面から検証が行われることもあります。そうした検証が行われる中で、次第に研究者の中で「『もっともだ』、と思ってよさそう」という機運が醸成されてきます。その中でプレスリリースされたり、新聞やテレビの解説に登場したり、本に書かれたりすることで、研究者ではない人たちのところに届き、これが浸透していけば常識になります。もちろん、いったん常識になったあとでも、新発見によって覆されることもあります。

この本で紹介するのは、ほとんどが2020年以降に論文として発表された新しい話題です。つまりまだ常識として世間に広まっておらず、研究者の間で評価が分かれるものもあります。まさに今は「ウソみたい」といっていい説たちです。

空間的にも時間的にも人間の想像を大きく超えた、まさに天文学的なスケールの世界をお楽しみください。そして、この本を読んだ後には、ぜひ夜空を見上げてみてください。ウソみたいな世界が、そのすぐ先に広がっています。

平松正顕

ウソみたいな宇宙の話を大学の先生に解説してもらいました。　目次

1章　宇宙はどんな世界なのか

2章　一番身近な天体・月と太陽

3章　太陽系惑星たちの知られざる姿

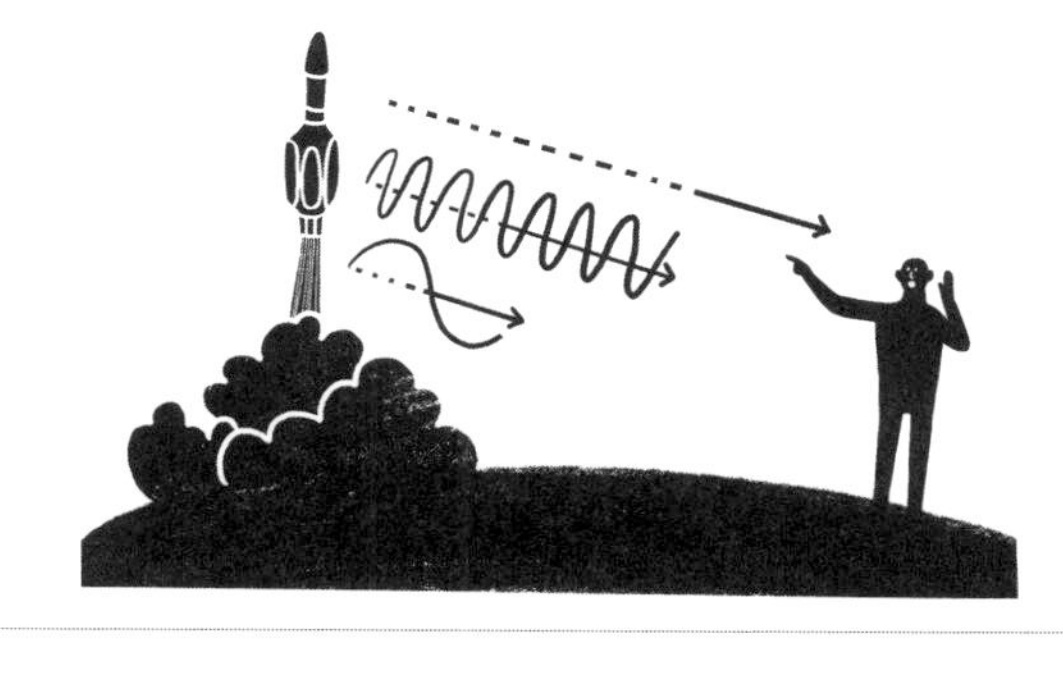

4章　まるでSF！　未知の天体たち

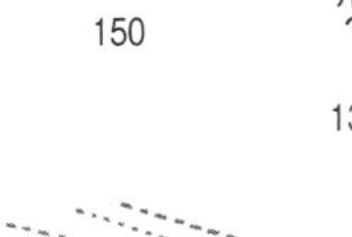

5章　ナゾに満ちた宇宙空間

1章

宇宙はどんな世界なのか

宇宙のガイドマップ

宇宙のナゾに挑むための「みちしるべ」

銀河って何だろう？
ブラックホールってどこにあるんだろう？
宇宙の果てはどうなっているんだろう？

宇宙はいろいろなナゾに満ちています。この本ではそんな宇宙の不思議と、人類が解き明かしてきたナゾ、人類が導き出してきた答えをご紹介していきます。
でも、まずその前に、宇宙全体を知るところから始めてみましょう。この章では、地球から宇宙の果てまでにどのような天体があるのか、そして宇宙はどれほど大きいものなのかを説明していきます。ここでご紹介するのは、いわばひとつひとつの宇宙のナゾを楽しむためのみちしるべ、あるいは地図だと思っていただければよいでしょう。本書を読み進めるうちに「これは宇宙のどこの話なの？」と道

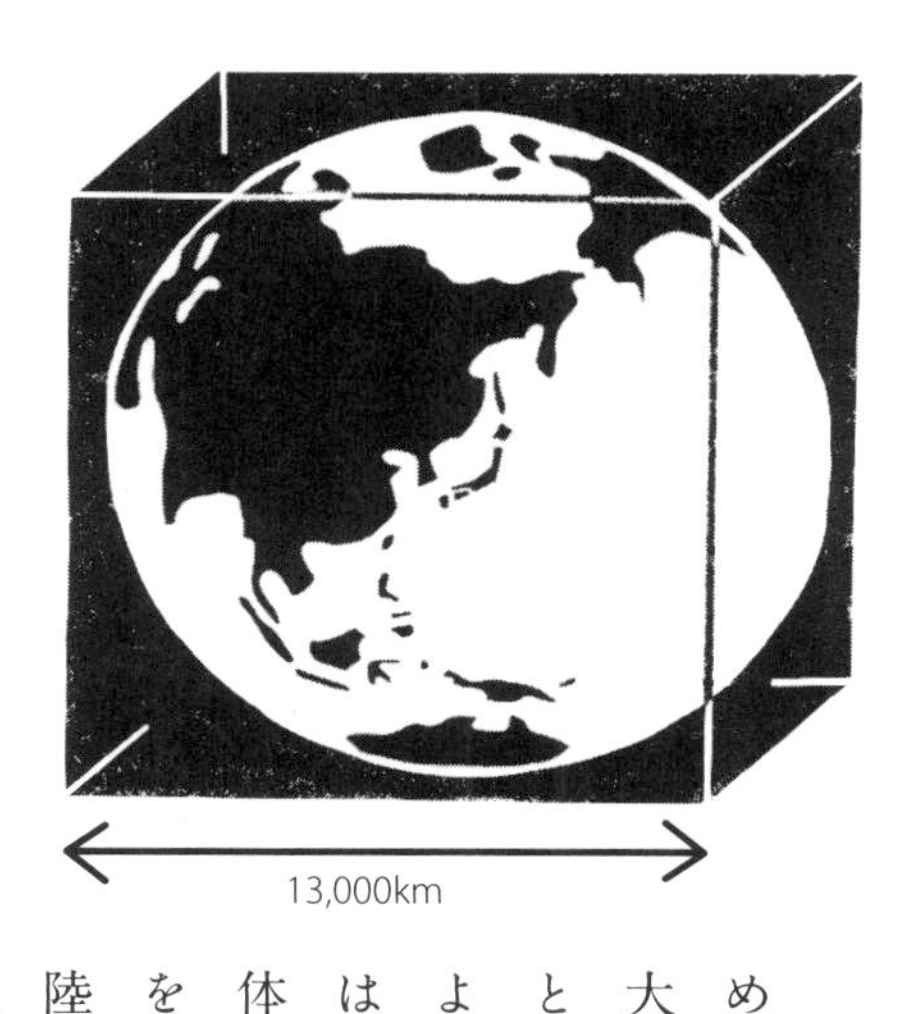

に迷ったら、この1章を読み返してみてください。

まずは、私たちが住む地球の話から始めましょう。私たち人間にとって地球は大きな天体ですが、宇宙全体から見ればとても小さな存在です。地球の直径はおよそ1万3000km。表面のおよそ7割は海に覆われています。太陽系の他の天体を見ても、これほど水に恵まれた表面を持つものはありません。残りの3割は陸地で、砂漠もあれば森林もあり、火山地帯があれば氷河もあり、人工の都市まであります。地球は、実に多様な環境を持つ惑星です。

酸素に満ちた大気も、地球の特徴です。他の惑星には、これほどの酸素はありません。実はこの酸素、生物が作り出したものです。地球ができてしばらくは、窒素と二酸化炭素が大気の主成分でした。あるとき、二酸化炭素を吸って酸素を吐き出す「光合成」を行う植物が生まれ、長い時間をかけて大気中に酸素がたまっていったのです。私たちが酸素を吸って活発に動けるのは、植物のおかげなのです。

では、地球を離れて宇宙に旅立ちましょう。地球は、太陽のまわりを回る「惑星」のひとつです。太陽のまわりには8つの惑星（水星、金星、地球、火星、木星、土星、天王星、海王星）があって、その内側から3番目を回っているのが地球です。地球のまわりには、「衛星」である月が回っています。火星以遠の惑星にも、すべて衛星があります。惑星や衛星とは別に、もっと小さな天体も太陽のまわりを回っています。主に岩でできている「小惑星」や岩と氷が混じった「彗星」があります。彗星は、太陽に近づくと氷が解けて蒸発して尾を伸ばします。これら太陽と太陽のまわりのいろいろな天体をまとめて、「太陽系」と呼びます。

太陽系の中の話をするときに使われる距離の単位が、「天文単位」です。1天

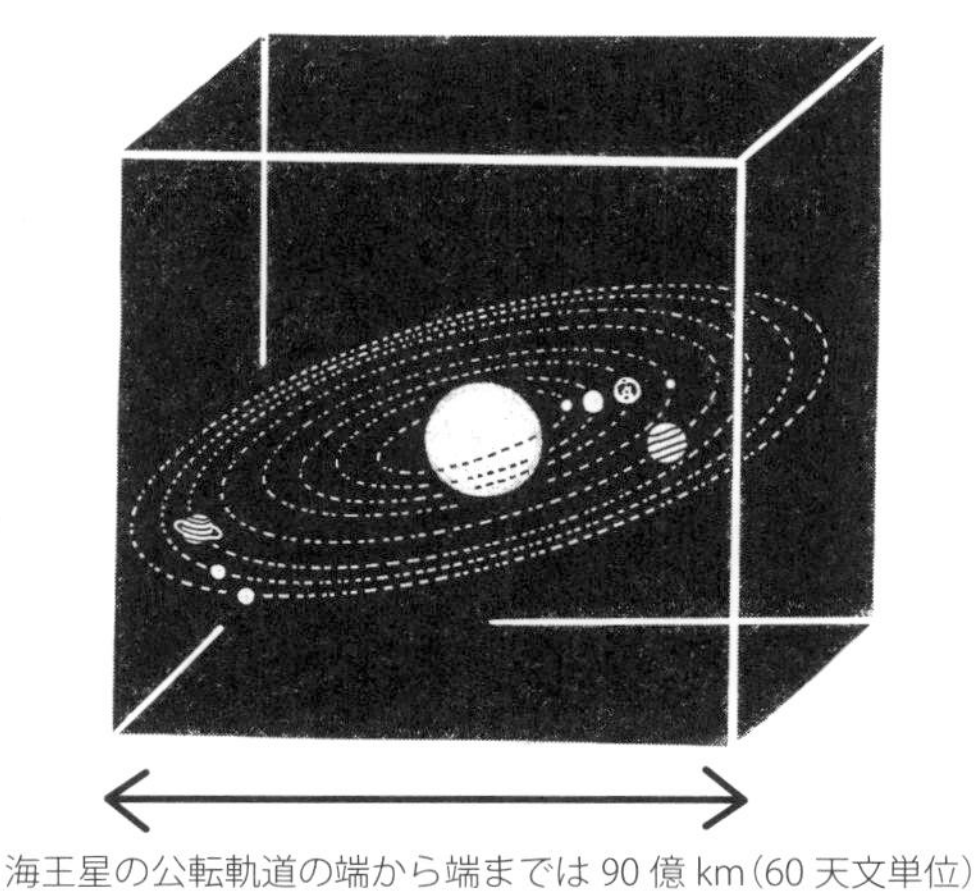

海王星の公転軌道の端から端までは90億km（60天文単位）

文単位は、太陽と地球の間の距離（約1億5000万km）に相当します。太陽から木星までが5天文単位、土星までが10天文単位、一番外側の惑星である海王星までが、30天文単位です。実は、海王星よりも外側にも氷や岩でできた小さい天体たちがたくさん発見されています。太陽系は数千天文単位の広がりを持つのです。

太陽系は、宇宙のどんなところにあるのでしょうか。

夜空に輝く星たちのほとんどは、太陽と同じように自ら光を放つ星（恒星）です。こうした恒星たちがたくさん集まった天体を「銀河」と呼びます。私たちが住んでいるのは、「天の川銀河」という銀河です（「銀河系」と呼ぶこともあります）。天の川銀河には、星たちが1000億個以上も存在しています。星たちだけではなく、とても淡いガスや塵（目に見えないほど小さな砂粒のようなもの）も浮かんでいます。実は、このガスや塵が集まることで星が生まれます。私たちが住む地球も太陽も、およそ46億年前にガスや塵が集まって誕生したのです。そして、星に「生」があるということは「死」もあります。巨大な星の最期の大爆発「超新星爆発」の後に、ブラックホールが残される場合もあります。

天の川銀河全体の大きさは、約10万光年。光年というのは光が1年間に進む距離の単位のことです。10万光年ということは、1秒間に地球を7周半できる光のスピードで飛んだとしても、端から端まで10万年かかるということです。その中で、太陽系は天の川銀河の中心からおよそ2万6000光年の場所にあります。また、天の川銀河は星たちが大きな渦巻きのように広がっていて、太陽系は太い渦巻きの腕の片隅に位置しています。太陽系は、天の川銀河の中では比較的静か

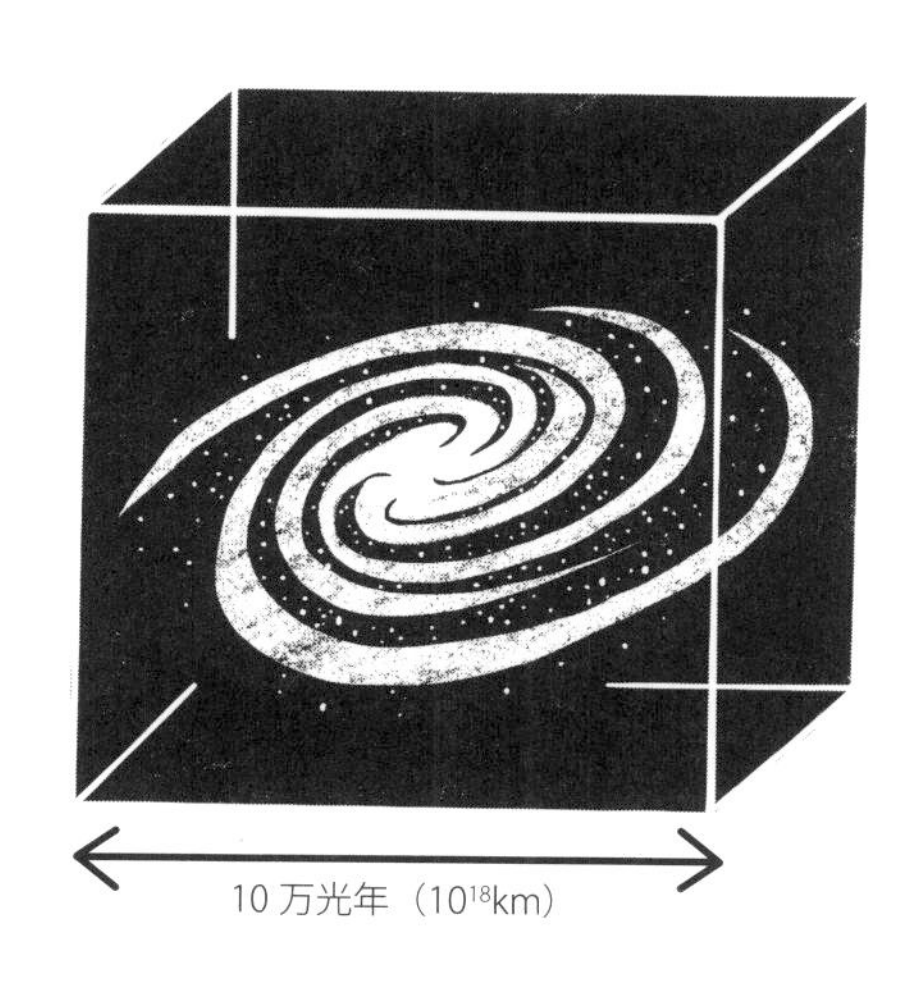

な田舎にあると言ってもいいかもしれません。

　では、天の川銀河のまわりにはどんな宇宙が広がっているのでしょうか。

　天の川銀河は、宇宙でただひとつの銀河ではありません。天の川銀河から20万光年弱離れた場所には、天の川銀河の10分の1ほどのサイズの小さな銀河「大マゼラン雲」「小マゼラン雲」が浮かんでいます。さらに10倍ほど遠い約250万光年の場所には、「アンドロメダ銀河」があります。日本からは秋の夜空に見えるアンドロメダ座にあるこの銀河は、天の川銀河よりも少し大きいと考えられています。また、私たちから約300万光年の場所には、「さんかく座銀河」があります。これら半径約300万光年以内にある大きな3つの銀河と、大小マゼラン雲のような小さな銀河数十個をまとめて、「局所銀河群」と呼びます。英語では"Local Group"。すぐご近所のローカルな銀河たちということです。

銀河群にある銀河たちの間隔は数百万光年というとてつもない距離ですが、これらの銀河はお互いの重力で引き合っています。このため、天の川銀河とアンドロメダ銀河は数十億年後には衝突し、合体してしまうと考えられます。宇宙にはこのような銀河同士の衝突が（宇宙スケールでは）頻繁に起きており、まさに衝突している最中にある銀河の写真も数多く撮影されています。

局所銀河群のまわりの宇宙は、どんな姿をしているのでしょうか。

局所銀河群のすぐ隣には、さらに大きな銀河の集まりがあります。地球から見るとおとめ座の方向にあるので、「おとめ座銀河団」と呼びます。そこにある銀河は、なんと3000個。地球からの距離は、約6000万光年です。おとめ座

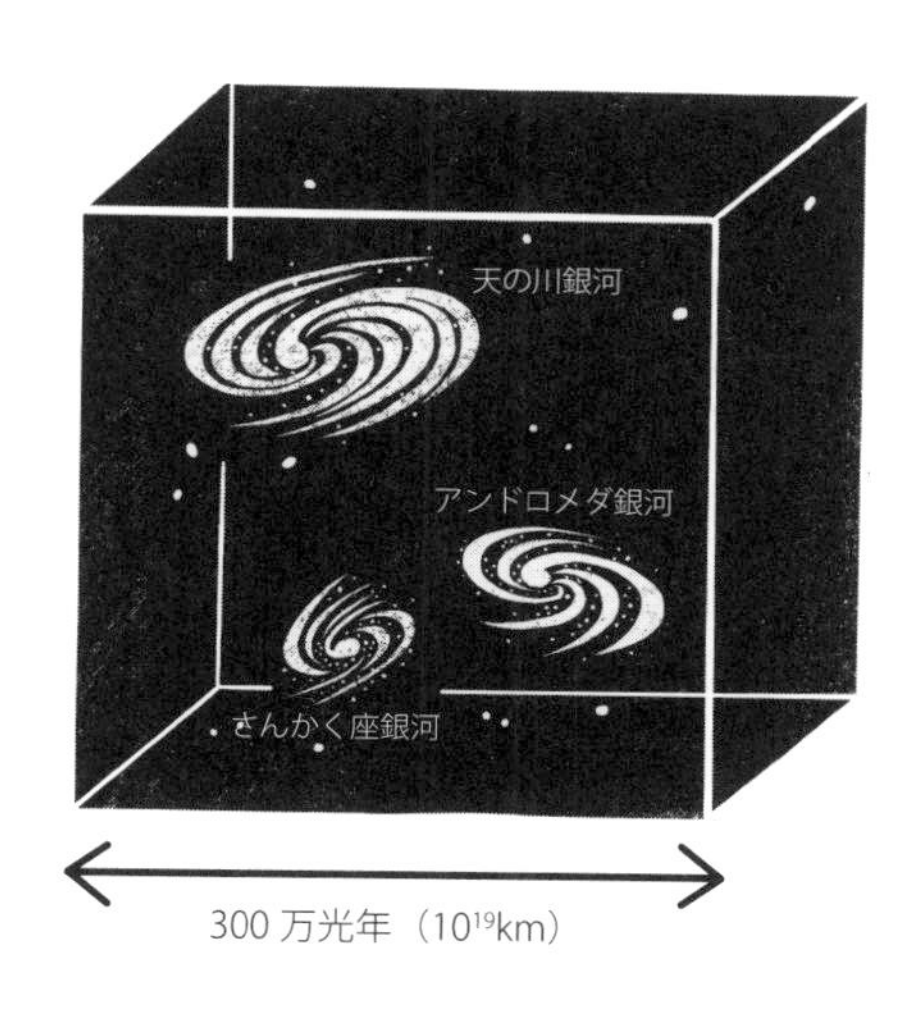

銀河団の中心には、天の川銀河の10倍もの星を持つ非常に巨大な銀河「M87」が鎮座しています。２０１９年に発表された史上初の「ブラックホールの写真」は、このM87の真ん中にある超巨大ブラックホールを写したものでした。そのブラックホールの質量は、太陽の約65億倍と推定されています。巨大な銀河の中心には、巨大なブラックホールが存在しているのです。

私たちが住む局所銀河群とおとめ座銀河団、そのまわりのいくつかの銀河団をまとめて、「局所超銀河団」と呼びます。その広がりは、2億光年ほどにもな

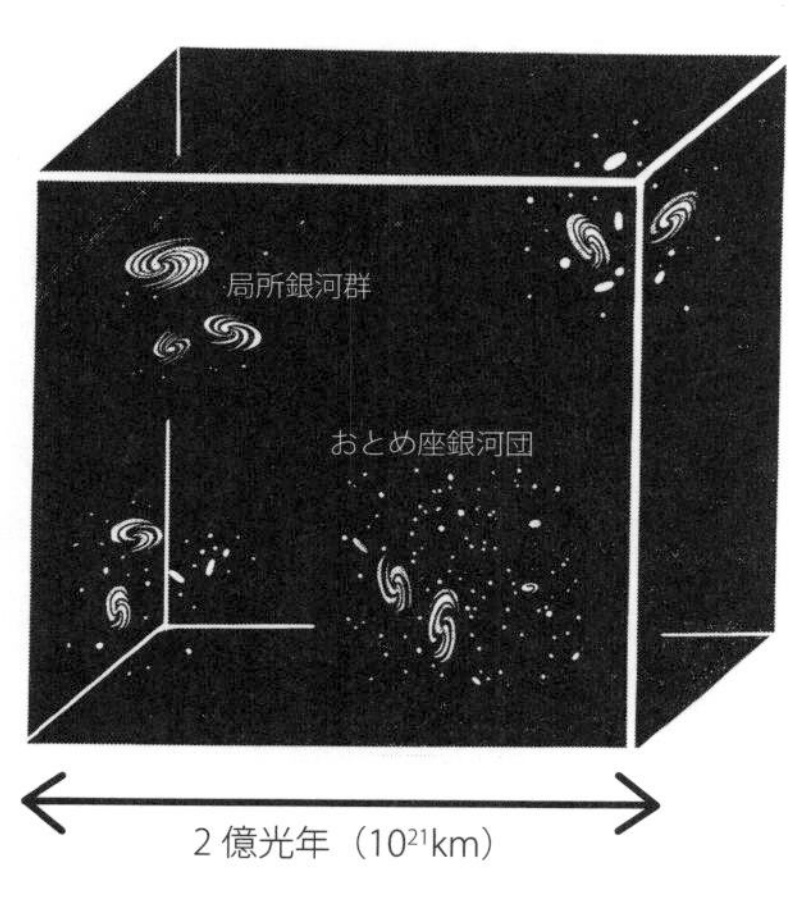

ります。これくらい遠くまで離れると、銀河群や銀河団の間に働く重力が弱くなります。逆に、この宇宙はどんどん膨張していっているので、局所銀河群とおとめ座銀河団の間もどんどん広がっています。遠い遠い将来には、おとめ座銀河団の銀河たちは私たちには見えなくなってしまうかもしれません。

局所超銀河団を超えたスケールでは、どんな宇宙が広がっているのでしょうか。

遠くの銀河たちを観測した結果、局所超銀河団と同じような巨大な銀河集団、超銀河団がいくつも存在していることがわかってきました。宇宙には銀河がまんべんなく散らばっているのではなく、銀河群や銀河団、超銀河団のようないろいろな大きさの集団が網の目のように連なっているのです。たくさんの家が集まって街を作り、その街が連なって大きな都市を作り、その大きな都市が連なってひとつの国を作り、そして国が連なる。人口の多い国もあれば少ない国もあるし、国の中にも都会があれば田舎もある。そんなイメージと似ているかもしれません。10億光年以上にわたって広がるこの大きな構造を、「宇宙の大規模構造」といいます。

では、この銀河が満ちる宇宙全体は、いったいどれくらいの大きさなのでしょうか。最新の研究では、宇宙にはどうやら果てがなさそうだということがわかってきています。つまり「無限」ということです。どこまで行っても宇宙の端にはたどり着かない。どこまで行ってもその先にはやっぱり銀河が連なる宇宙が広がっている。それが私たちが住んでいる宇宙だというのです。

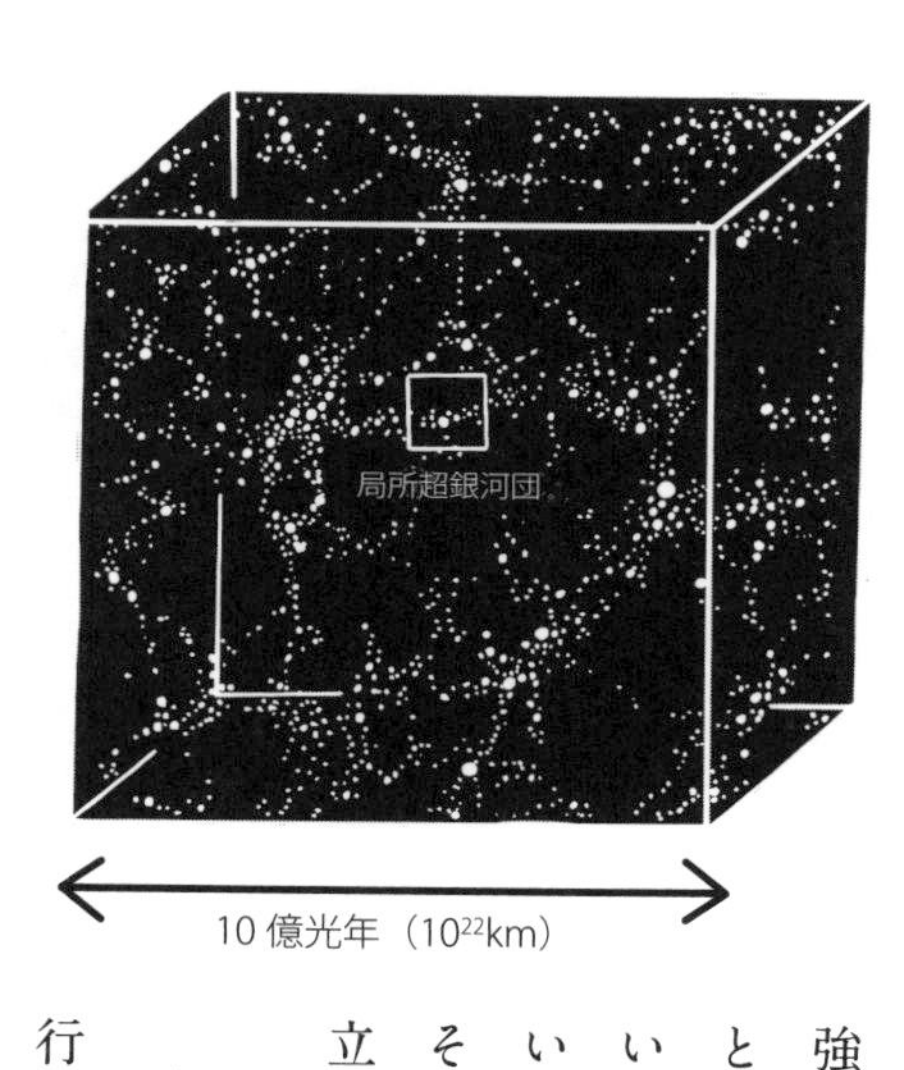

宇宙の仕組みと歴史を調べる天文学

「天文学を研究している」と話をすると「新しい星を探すの？」「星座について勉強するの？」という質問が返ってくることがあります。確かに新しい星を探している研究者はいますが、それは単に新しい星を見つけたいからではありません。それによって、この宇宙の仕組みや成り立ちを知りたいと考えているのです。

天文学者と言えば、夜な夜な天文台に行って望遠鏡で星を眺めている姿を想像するかもしれませんが、現代の天文学者はほとんど星を見ません。巨大な望遠鏡はコンピュータ制御で動き、観測対象

アメリカ・ハワイのマウナケアの山頂域にある口径8mの巨大望遠鏡「すばる望遠鏡」
（国立天文台の画像をもとに作成）

の座標を入力すれば自動的にその方向に向いてくれます。人が望遠鏡を直接のぞくのではなく、カメラを取り付けてデジタルデータとしてコンピュータに取り込みます。得られたデータは、専用のデータ処理ソフトを駆使して解析します。天文学者自らがプログラミングすることも多くあります。コンピュータの画面を通してデータとにらめっこし、統計やAIの技術も駆使しながら、そのデータが意味するところを解き明かしていくのです。

望遠鏡を使わない天文学者もいます。彼ら彼女らが使うのは、紙とペンとコ

国立天文台にある天文学専用のスーパーコンピューター「アテルイⅡ」
（国立天文台の画像をもとに作成）

ンピュータです。物理学の理論をもとに、星や銀河や宇宙全体のありようを研究する「理論天文学」です。物理学の方程式をスーパーコンピュータに入力して計算させることで、例えば「ブラックホールのまわりでガスがどのように動くのか」「星はどのように爆発するのか」「銀河がぶつかると何が起きるのか」をあたかも実験するかのように調べることもできます。これを、「シミュレーション天文学」と呼びます。宇宙で起きる現象は、実際には数百万年から数億年かかるものも少なくありません。このため、望遠鏡でじっと観測していても変化はほとんどありません。一方シミュレーションなら時間を早回しして計算することができ、宇宙スケールの現象の変化を知ることができるのです。シミュレーションや理論研究の結果と実際の宇宙の観測結果を比べることで、天文学者たちは宇宙で起きるさまざまな現象のメカニズムを明らかにしようとしています。

研究成果を世に問う「論文」

この本では、世界のさまざまな研究者が発表した「論文」をもとに、驚きに満ちた不思議な宇宙の姿をご紹介していきます。では、そもそも論文とはどんなものでしょう?

観測や理論研究やシミュレーション研究の結果を、研究者は論文という形で発表します。論文を書いた研究者は、専門雑誌に投稿します。すると雑誌の編集者(研究者が務めます)は、その分野を専門とする別の研究者に、論文を読んでチェックすることを依頼します。これを「査読」といいます。査読をする研究者は、論文の中身に矛盾がないか、見落としている観点はないか、適切に過去の研究結果を参照しているかなどを確認し、論文がよりよくなるようにアドバイスをします。箸にも棒にもかからない場合は「掲載拒否」となる場合もありますが、たいていの場合、論文著者は査読者のアドバイスに従って論文を修正したり、場合によっては追加でデータの解析などをしたりして論旨を補強し、論文を再度投稿します。これを何度か繰り返して、論文は最終的に専門雑誌に掲載されます。

ここで重要なことは、「査読をクリアして雑誌に掲載される」イコール「内容が正しい」ということではないということです。査読をする研究者も、内容が正しいかどうかをチェックしているのではなく、研究者の間で議論する価値があるかどうかを見ているにすぎません。雑誌に載った論文は、多くの研究者に読まれます。内容を検証する研究者もいれば、その論文をもとに次の研究の計画を組み立てていく研究者もいます。その中で、もとの論文の間違いが明らかになることもあります。すると、間違いを見つけた研究者がまた論文を書いて、そのことを研究者たちに知らせます。研究は、こうした論文が積み重ねられることで進んでいくのです。そのプロセスの中では、結果的に間違いを含んでいた論文であっても、研究を前進させるための大事な一歩になりうるのです。

というわけで、この本で紹介する発見もすべてが100%正しいという保証があるわけではありません。今まさに研究者たちが検証している論文もあるでしょう。でも、研究の最先端というのはいつだってそういうもの。さまざまな観測や理論研究の中で、研究者が考えに考え抜いた結果であることは確かです。さあ、宇宙研究の最先端を見ていくことにしましょう。

2章

一番身近な天体・月と太陽

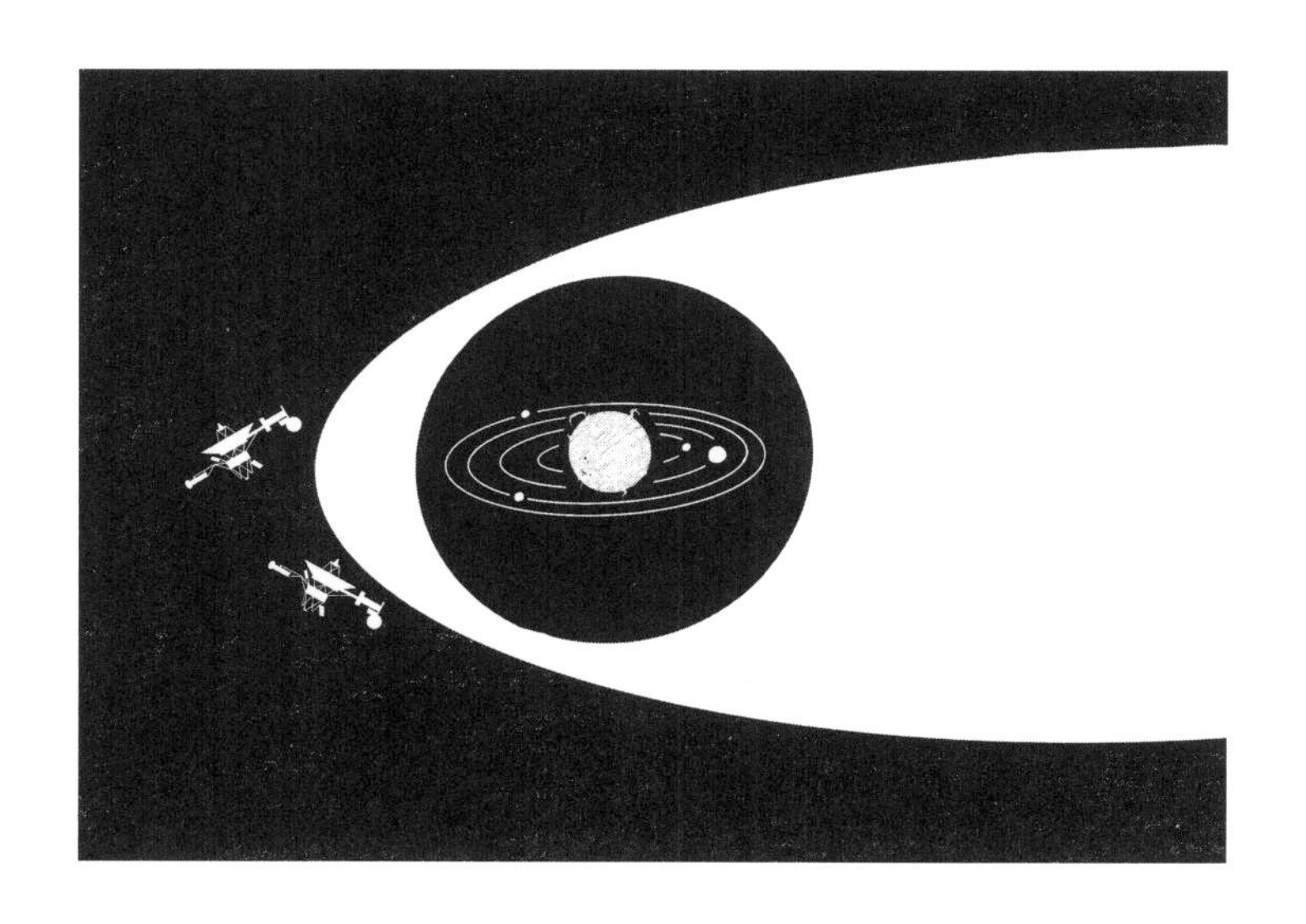

月――38万km先の別世界

再び月を目指す人類

空高くで光る白い満月。空の低いところに浮かぶ三日月。星座はよくわからないという方でも、月を愛でたことはあるのではないでしょうか。最近では、地球に近くて大きく見える「スーパームーン」、1か月に2回ある満月を指す「ブルームーン」のほか、各月の満月の別名や月食など、月がメディアやSNSをにぎわせることもよくあります。月からの訪問者を描いた古代のSFとも言える『竹取物語』の時代から、私たちはこの月に魅せられてきました。

地球から月までの距離は、約38万kmです。地球の直径が1万3000kmほどですから、地球を30個並べると月に届くということになります。思ったよりも遠いでしょうか。よく見る地球と月のイラストは大きさを誇張して描いてあるので、実は月はけっこう遠くにあるのです。

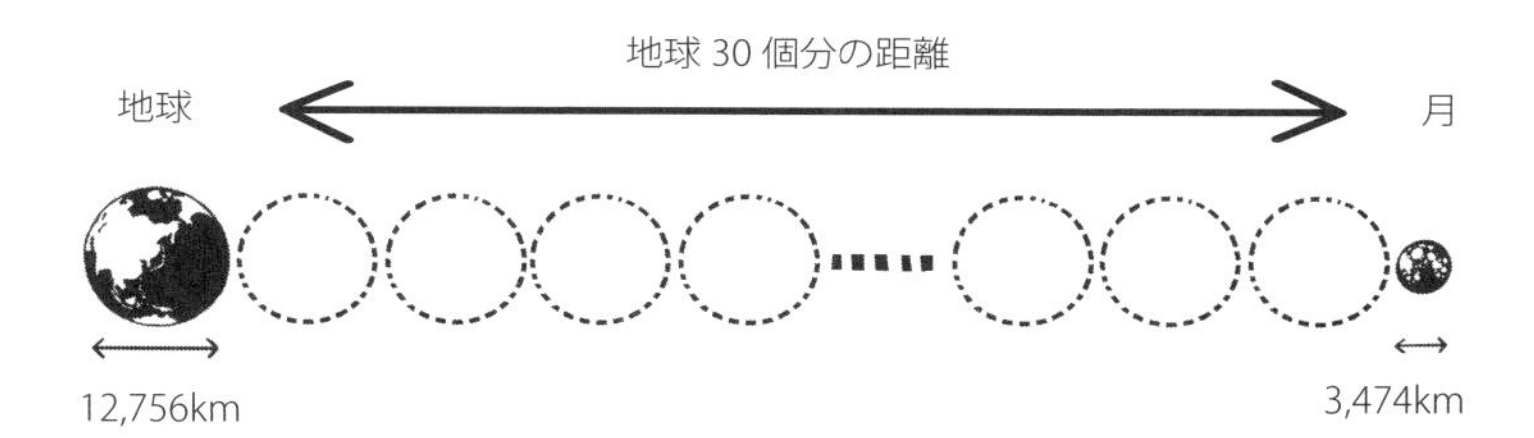

この月に初めて探査機を到達させたのは、旧ソビエト連邦、ソ連でした。ソ連は、1959年1月、探査機ルナ1号に月から5000㎞のところを通過させ、同年9月には、ルナ2号を月面に衝突させました。これが、初めて月に届けられた人工物でした。アメリカも負けじと月ロケットを開発しますが失敗が続き、初めて狙って月面に到達できたのは5年後の1964年1月、レインジャー6号でした。しかしそれからわずか5年半後、1969年7月にアメリカのアポロ11号が人類を初めて月に送り届けました。国家の威信をかけて莫大な予算を投入し、とんでもないスピードで開発が

進められたことがわかります。その後、アポロ17号まで計6回の月面着陸が行われ、12名のアメリカ人男性が月に降り立ちました。旧ソ連は、1976年のルナ24号に至るまで無人探査機を月に着陸させ月の土壌を持ち帰る「サンプルリターン」を何度も実施しましたが、結局人を送り込むことはありませんでした。

その後、月探査は下火になり、1990年代から2000年代にかけて比較的小規模な月探査機やインドや中国といった新興国による探査が行われました。そして今再び、月が注目されています。アメリカを中心に日本や欧州各国などが参加する国際計画「アルテミス」で、再び人類を月に送り込もうというのです。これとは別に、中国やインドが独自の月探査計画を進めており、いずれも月面に探査車(ローバー)を走らせています。中国も、有人の月探査を狙っていることでしょう。さらには、民間の宇宙ベンチャー企業による月面開発も現実味を帯びてきました。アポロ計画から50年以上が経過し、月への旅は違った様相を見せています。

遠くから眺める対象から、人類の活動の舞台へと変わりつつある月。そこはどんな世界なのか。月はどうやってできて、どのように進化して、地球にどのような影響を与えているのか。そんなさまざまなナゾに、研究者たちは立ち向かってきました。ここでは、そんな研究で明らかになった月の素顔の一端をご紹介しましょう。

地球温暖化を防ぐ方法は、月の破壊!?

猛暑日と熱帯夜が続く夏。日本だけでなく世界各国で気温の上昇が顕著です。2023年7月が「観測史上もっとも暑い夏」になると警告した世界気象機関（WMO）の見解を受けて、アントニオ・グテーレス国連事務総長は「地球沸騰の時代」と表現しました。人間の産業活動で放出される温室効果ガスによって気温が上昇している、というのが多くの研究者の見解ですが、ともあれ暑い。対策は待ったなしです。

アメリカのユタ大学で教授を務めるベンジャミン・ブロムリーさんは、温暖化を止めるための突拍子もないアイディアを少し真面目に検討してみました。[①] そ

① Bromley, B. C., Khan, S. H., & Kenyon, S. J. Dust as a solar shield. PLOS Climate, 2, 2 (2023)

れは、宇宙空間に「日傘」を浮かべて太陽の光をちょっとだけ弱める、というもの。太陽を隠しすぎてしまうと地球が逆に寒冷化してしまうので、隠すのは太陽光の1～2％で十分なようです。

では、宇宙日傘はどうすれば実現できるでしょう。巨大な構造物を組み立てるのには、お金がかかります。一番単純な方法は、大量の砂をばらまくこと。地球から太陽の方向に150万km離れた場所は「第1ラグランジュ点（L1）」と呼ばれ、地球と太陽の重力が釣り合います。ここに砂粒を浮かべておければ、いい感じに日傘として機能してくれる……と、そう簡単な話ではありません。

このL1点、地球と太陽の重力が釣り合う場所ではあるものの、少しでもそこから物体がずれてしまうと、どんどん遠ざかっていってしまう不安定な点なのです。太陽からはプラズマの流れである「太陽風」や強い光が放たれているので、砂粒はこれらに押されて1週間ほどでL1点から離れていってしまいます。地球から砂粒を運べたとしても、どんどん流されていくので、どんどん補給しなくてはいけません。これは大変です。

問題はまだあります。太陽光を遮るために必要な砂の量は1000万t以上になるうえ、これを定期的に補充しなくてはいけません。1000万tの砂というのは、東京ドーム5杯分くらいに相当します。たいしたことない？　いえいえ、そんなことはありません。40回以上のロケット打ち上げを経て完成した国際宇宙ステーション全体で450tしかないことを考えると、1000万tの砂というのがとんでもない量であることがわかります。1000万tの砂を地球からL1に運ぶのに必要なエネルギーを計算すると、アポロを月に送ったサターンV型ロケット2万発分というまさしく天文学的な数字になってしまいます。

もっと都合のいい砂粒の供給源はないだろうか、と考えたブロムリーさんが目をつけたのは、月でした。月は地球に比べて重力が6分の1しかありませんから、同じ量の砂をラグランジュ点まで打ち上げるのであれば、地球からよりも月からのほうが簡単です。必要なエネルギーを見積もってみると、地球から運ぶときの10分の1ほどになりました。電力に換算すると数平方kmの太陽電池で賄えそうです。ロケットではなく物体を直接加速して放り投げる「マスドライバー」であれば、効率的に砂を送り続けることができそうです。しかも、さまざまな大きさや形状の砂粒の日除け効果を計算してみた結果、月の砂（レゴリス）はとても効率よく太陽光を遮ってくれることがわかりました。月から砂を打ち上げるのは、一石二鳥なのです。

地球のために月を削って砂を打ち上げ続けることの倫理的な問題もありますが、これによって地球がむしろ寒冷化してしまっては困ります。しかし、その心配はほとんどないようです。太陽の光や太陽風によって砂は時間が経てば吹き流されて日除けの役目を果たさなくなるので、砂の打ち上げをやめればまた元通りの太陽光が地球に降り注ぐことになるからです。

こんな突拍子もない案を考えたブロムリーさん、もともとの研究テーマは惑星の誕生メカニズムです。恒星は自分で光っている天体、惑星はその周りをまわる自分では光らない天体というのは基本的な知識ですが、惑星はどのようにできる

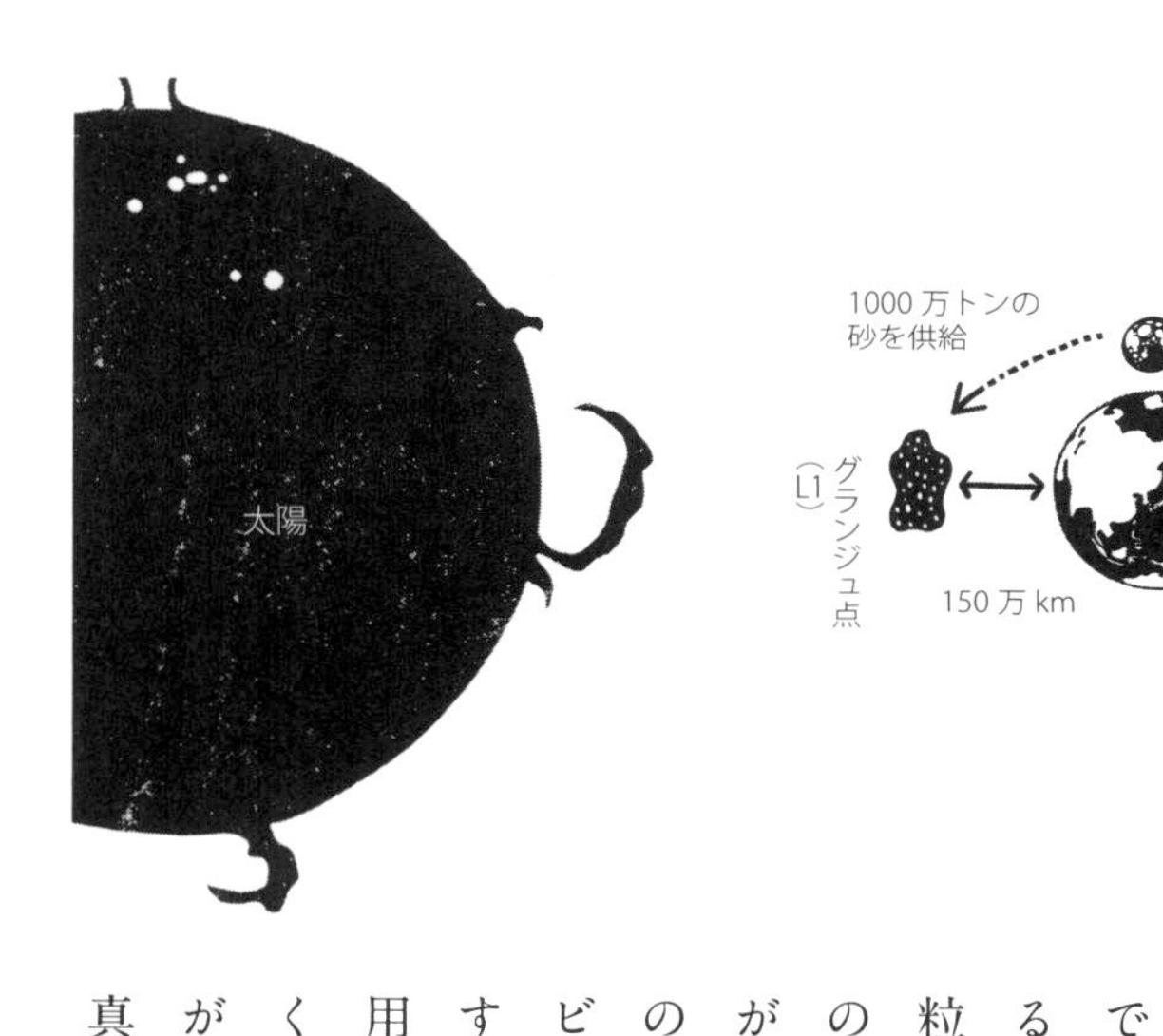

のでしょうか？　実は、惑星は生まれたばかりの恒星のまわりでµm＊サイズの砂粒が集合して大きくなっていくことで作られます。惑星がまさに作られているときには、恒星のまわりには大量の砂粒が浮かんでいて、地球から見ると恒星の光が隠されて見えるわけです。これが、地球温暖化を防ぐ「砂粒の日除け」のアイディアのもとになったとインタビューでブロムリーさんは語っています。とはいえ、実際このアイディアが実用化されるかと言えば、その可能性は高くないでしょう。今回の論文は、研究者が自分の専門知識を活かしてちょっと真面目に遊んでみた結果、というところ

＊µm（マイクロメートル）=1mmの1000分の1

でしょうか。

皆既月食が赤く染まる理由は夕焼けと同じ原理!?

皆さんは月食をご覧になったことはあるでしょうか。月食とは、地球の影が月に落ちることで月が暗く見える現象です。特に、月がすっぽりと地球の影の中に入ってしまうことを「皆既月食」と呼びます。太陽・地球・月がきっちり一直線に並んだときにだけ起きる現象ですが、2020年から2030年の間に9回起きますので、実はほぼ毎年起きていることになります。ただし、日本からは月が見えない（地平線下にある）時間帯に起きる場合もありますので、実際に皆既月食が見られるタイミングはこれより少なくなります。

皆既月食の最中には、月は地球の影の中に入っています。太陽の光がまったく当たらなくて月が真っ暗に見えそうですが、実際には赤みがかった色に見えます。赤銅色などと表現されることもあります。影の中に入っているはずなのに赤く見えるのはなぜでしょう？　そこには、太陽光と地球の大気の相互作用が関係して

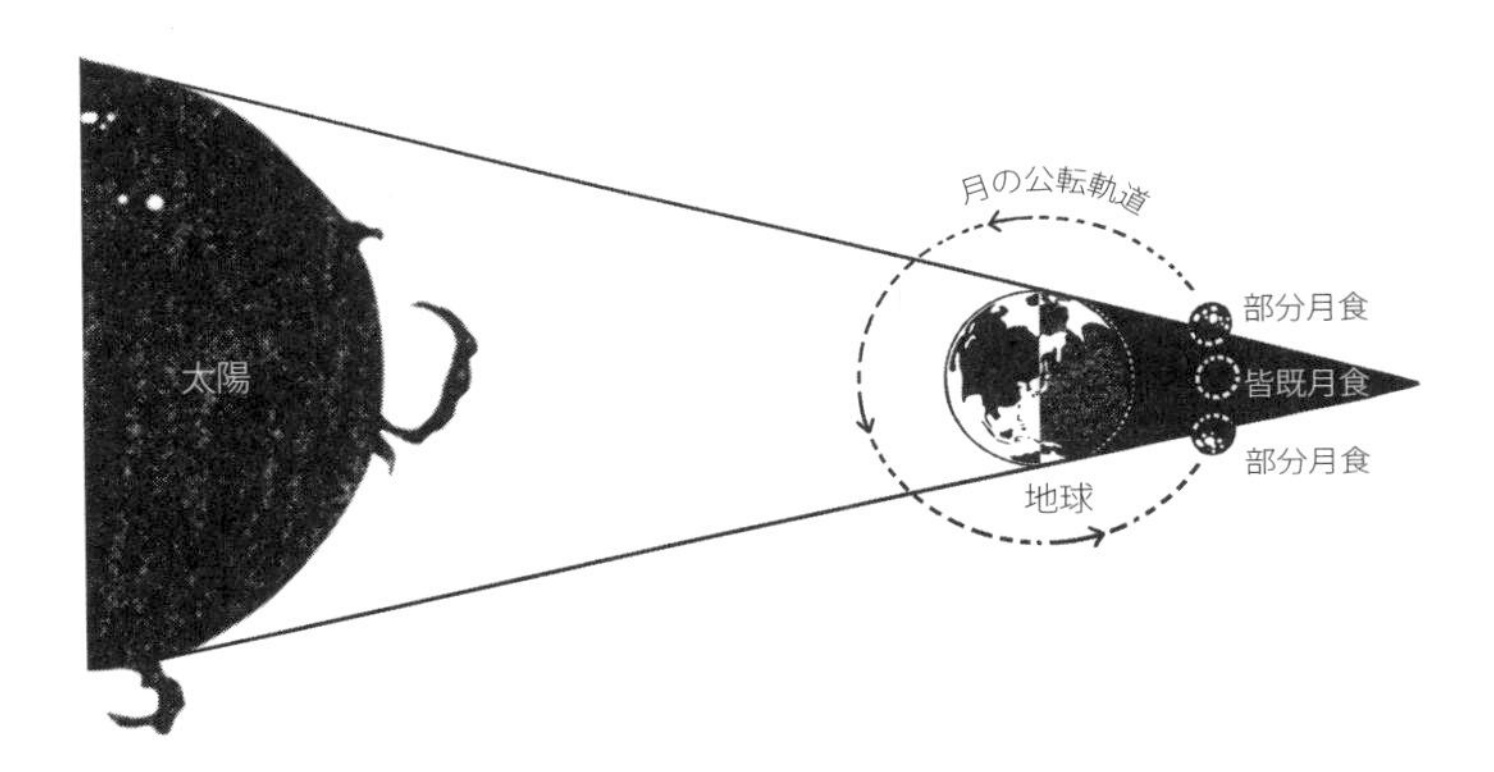

います。

「大気が赤く見える」と言えば、朝焼けや夕焼けでしょう。太陽が低い位置にあるとき、空が赤く染まります。一方で、太陽が高く昇っているときには空は青くなります。これは、太陽光の散乱によるものです。太陽からはいろいろな色が混じった光が出ています。人間には白色光として見えます。この白色光が地球の大気に飛び込んでくると、大気中に含まれる小さな粒にぶつかります。このとき、波長の短い青い光のほうが強く散乱されます。空が青いのは、こうして大きく散乱された青い光が空全体に届いているからです。

夕方など、太陽が低い場合には少し状況が変わります。先ほどとの違いは、太陽光が通ってくる空気の厚みにあります。太陽が真上から照らしているとき、地上の私たちに光が届くまでに通過しなくてはいけない空気の厚みはせいぜい数十kmです。ところが太陽が低いときには、光が大気の層の横から入ってきて、長い距離を飛んでから私たちに届きます。すると青い光は、散乱されすぎてしまい私たちには届きません。散乱を受けにくくて残った赤い光が届くのです。

さてそれでは、皆既月食のときを考えてみましょう。月は地球の影の中にありますが、地球の大気を通り過ぎた光がある程度月には届いています。この光の中には、先ほどの夕焼けのときと同じく赤い光だけが残っています。こうして、月が赤い光で照らされるため皆既月食は赤く見えるのです。

この赤みは、そのときの地球大気に含まれる塵の多さによって変わります。例えば1993年の皆既月食は、2年前の1991年にフィリピンのピナトゥボ山が大噴火して大量の塵が大気中に舞っていたために非常に暗かったといわれています。塵が多すぎて赤い光まで散乱されてしまった結果、月にほとんど光が届かなかったのです。このように、皆既月食の色は地球の大気の様子を知るバロメーターでもあるのです。

さらに、月食は人類に地球の形を教えてくれる貴重なイベントでもあります。月食は地球の影が月に落ちる現象ですから、部分月食のときのその影の形こそが地球の形ということになります。現在では人工衛星などで丸い地球の写真が撮れますが、そんなことができなかった昔から、月食の欠け際がわずかに曲線を描いていることから地球が丸いことがわかっていました。次に月食が起きるタイミングでは、ぜひ皆さんも欠け際の影の形に注目して、地球が丸い証拠を掴んでみてください。

月はたった数時間でできた？

「ビッグバンの後、宇宙はどのように広がってきたのか」「ブラックホールはいつどのようにできたのか」「太陽系はいつどうやって作られたのか」……宇宙研究のひとつのテーマは、宇宙の歴史を明らかにすることです。私たちにとって一番身近な天体である「月がいつどうやってできたのか」という疑問にも、天文学者たちは昔から向き合ってきました。

数十年前の宇宙の本には、月のでき方としていくつかの説が載っていました。地球ができるのと同時にできたという「双子説」、地球から分裂して月が生まれたという「親子説」、地球とは別の場所で生まれた月が地球の重力に捕まって周囲を回るようになったという「捕獲説（あるいは他人説）」、そして別の天体が地球にぶつかって飛び散った破片から月が生まれたという「巨大衝突（ジャイアントインパクト）説」です。もちろんタイムマシンで現場に戻って確認することはできませんから、今手に入る証拠を集めて推測してみるしかありません。

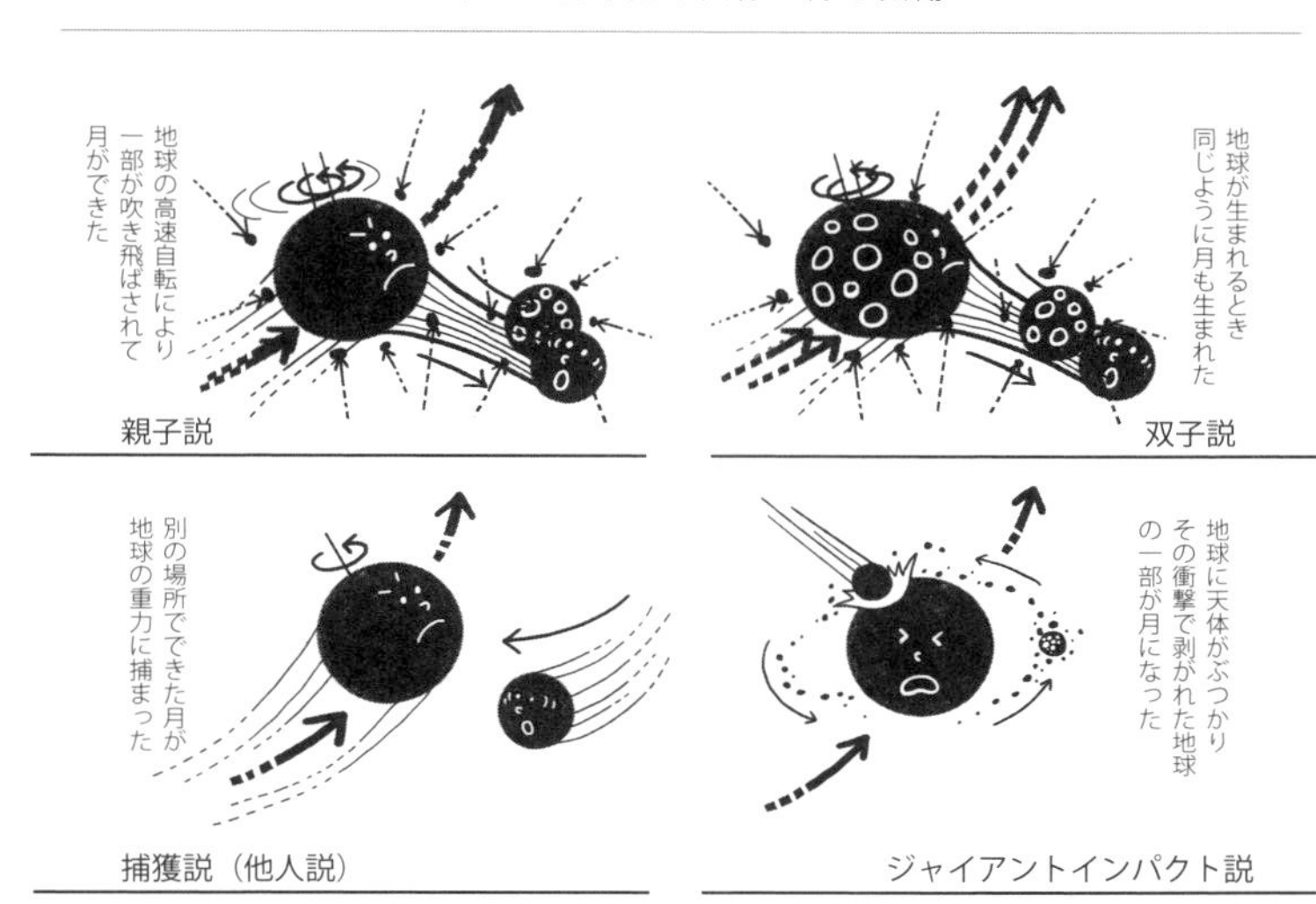

まず親子説。太古の地球が猛烈なスピードで自転していて、遠心力によって一部がちぎれたという考え方です。岩石の塊を分裂させるほどの遠心力は相当なもので、そのためには地球が3時間で一回転するほどの高速自転が必要です。ところが今の地球と月の回転を調べてみると、過去にそれほど速く自転していた痕跡はどこにも見つからず、この説は今ではほぼ否定されています。

次に捕獲説ですが、これも可能性は低いと考えられています。月は比較的大きいので、地球の重力にうまく捕えられて、かつ地球にぶつからずにちょうどいい距離で周回させるためには、もとの月が取りうるスピードや軌道があまりにピンポイントでなくてはいけないのです。つまり、現実的にそれが起きた確率は非常に低いということになります。

アポロ計画による月探査と月の石の分析は、月の起源の研究にもインパクトを与えました。双子説の場合、地球と月の組成がかなり似るはずですが、月の岩石には地球の岩石に比べて揮発性元素（高温で気体になって逃げていってしまう元素）が少ないことがわかりました。つまり、単に近い場所でほぼ同時に生まれたわけではない、ということになります。こうしたことがわかった結果、1970年代に提唱されたのがジャイアントインパクト説です。

巨大衝突のシナリオは以下のようなものです。太陽系ができあがりつつあったころ、原始地球に火星サイズ（地球の10分の1の質量）の天体（テイア）が衝突、莫大な量の破片が原始地球のまわりに飛び散りました。地球から剥ぎ取られた破片も、砕けてしまったテイア由来の破片もあったことでしょう。この破片は環を作って地球を取り囲み、やがてその破片がくっつき合って月になった、というのです。

具体的にどれくらいの期間で月ができたのかは、議論が分かれています。なかでも目を引くのは、NASAの研究者ジェイコブ・ケグレスさんたちの「月は数時間でできた」という説。① 彼らはスーパーコンピュータを使って、地球にぶつかるテイアの速度や角度を変えながら何百通りものシミュレーションを繰り返しました。地球にテイアがぶつかってできた破片が集まって月になるシミュレーションをするには、膨大な数の破片の間に働く重力をいちいち計算しなくてはいけません。彼らはなんと1億個もの粒子同士に働く重力を計算しました。これは過去に行われたシミュレーションと比べても大規模なものでした。計算する粒子数が少なすぎると現実を正しく反映した結果が出ないこともあるので、この数は重要です。

ケグレスさんたちによるシミュレーションのひとつでは、テイアが地球に衝突した後、地球は大きくえぐり取られます。テイア自身ももちろん壊れますが、え

① Kegerreis, J. A., Ruiz-Bonilla, S., Eke, V. R. et al. Immediate Origin of the Moon as a Post-impact Satellite. The Astrophysical Journal Letters 937, L40 (2022)

ぐり取られた地球の一部とテイア（だったもの）がひとまとまりになって地球から離れていきます。これが月のもとになったというのです。つまり、破片が地球のまわりを何万回も回って衝突・合体を繰り返して大きくなるのではなく、一度でひとかたまりになる、ということです。これが正しければ、月が「数時間でできた」といってよいでしょう。

もちろんこれは現時点では仮説の域を出ません。一度でまとまるには、テイアが地球にぶつかるときの角度がある特定の範囲内でなければなりません。いつでもこうなるわけではないのです。では、それをどうやって確かめるのでしょう？

研究者たちが期待しているのは、現在進行中の月探査、アルテミス計画での月の石の研究です。月の石と地球の石はやや成分が異なるので、シミュレーションで示唆されるもとの地球とテイアの岩石の混ざり具合と、実際の月の石の成分を比べるのです。そうすれば、シミュレーションのようなことが本当に起きたかどうかが確かめられます。今後10年のうちには、月の起源について新たな知見が生まれていることでしょう。

地球の生命は月のおかげで生まれた？

世界各地の物語にもよく登場する月は、私たちの文化と切っても切れない関係にあります。それだけでなく、そもそも私たち地球の生命の誕生自体に月が大きく関わっていたかもしれない、と考えられています。そのキーワードは、「月の磁場」です。

地球が大きな磁石であるということは、皆さんご存じのことと思います。方位磁石を使ってみると、N極が北を、S極が南を指します。これは地球の北極にS極が、南極にN極があることを示しています。この巨大な磁石からは磁力線が伸びていて、地球を取り囲んでいます。これは磁気圏と呼ばれます。

私たちを照らしてくれる太陽では、表面で爆発「フレア」が盛んに起きています。すると、フレアで作られた高いエネルギーの粒子が、太陽系の中にまき散らされます。これを太陽風と呼びますが、その正体は電気を帯びた粒子です。電気を帯びた粒子が磁石の力を受けると、進む方向が変わります。つまり、地球の磁気圏は太陽からの高エネルギー粒子が地球に直接飛び込んでくることを防いでくれるのです。高エネルギー粒子は放射線ですから、これが地表に降り注いでしまうと生き物には厳しい環境になってしまいます。それだけでなく、太陽風が地球の大気にぶつかってしまうと、大気が徐々に剥ぎ取られていってしまうかもしれません。例えば火星には非常に薄い大気しかありませんが、これは火星の磁場が消えてしまったことで太陽風が大気を剥ぎ取ってしまったのだと考えられています。つまり磁場は、私たち生命が地球の上で誕生し、生き長らえていくためになくてはならないものなのです。

生命を育んだとも言える磁場。地球だけではなく、月の磁場も生命の誕生に関係していたのではないか、というアイディアが最近提唱されました。現在の月は磁場を持っていませんが、昔は磁場を持っていたということがアポロの宇宙飛行士たちが持って帰ってきた月の岩石の詳しい調査によってわかっていました。

そもそも、地球はなぜ磁場を持っているのでしょうか。地球が大きな磁石になるメカニズムは次のようなものです。地球の中心部には、「核」と呼ばれる金属の部分があります。金属といってもカチカチに固まっているのではなく、非常に高い温度と圧力で溶けています。液体の金属が動くと、電気が流れます。電気が流れると、そこに磁石の力が発生します。電磁誘導と呼ばれる現象です。地球の中で液体の金属核が動いているから、地球は大きな磁石になっているのです。では月はどうでしょう。月ももともと内部の金属核が溶けて流動していることで、磁場ができていたと考えられます。ところが月は地球に比べてずっと小さいので、地球よりもずっと早く熱が冷めてしまいます。すると、核は固体になってしまって、流動しません。そのため電流も流れないので、磁場も消えてしまいます。

最新の技術を駆使して月の石を分析したところ、およそ35億年前まで、月は今の地球と同じくらいの強さの磁場を持っていたことが明らかになりました。しかも、昔は月がもっと地球に近い位置にあったと考えられています。現在の地球と月の距離は約38万kmで、これは地球が30個並ぶくらいです。しかし40億年前の地球と月の間隔は約23万km、地球18個分ほどでした。この結果をもとに、ＮＡＳＡ

の研究者ジェームズ・グリーンさんたちは40億年前の地球の磁場と月の磁場の関係をシミュレーションで調べました。①　その結果、地球と月の磁場は一体となって、太陽風に対するバリアの働きをしていたことが明らかになりました。月にしっかりとした磁場があった40億年前から35億年前と言えば、ちょうど地球で最初の生命が発生し、進化していった時代に相当します。地球の磁場と月の磁場が守ってくれたおかげで、地球の大気が飛ばされることもなく、また有害な放射線が地表に降り注ぐこともなかったのです。まさに、私たちがここにいられるのは地球と月の磁場のおかげと言えるでしょう。

さらに、衛星の磁場が惑星の大気を守る働きを持っていたということは、太陽系外惑星の大気や生命が存在する可能性を考えるうえでも重要なことです。太陽より小さな恒星のまわりにも惑星が発見されていますが、小さな恒星は太陽よりもフレア活動が激しいことが知られていて、これによって作られる強烈なプラズマ流によって惑星があっても大気を保てないのではないか、と考える研究者もいます。しかし、その惑星に衛星があり、しかも磁場も持っている場合は、従来考

① Green, J., Draper, D., Boardsen, S. et al. When the Moon had a magnetosphere. Science Advances 6, eabc0865 (2020)

えられていたよりも大気が長期にわたって保たれる可能性が出てくるのです。地球のお隣の天体の磁場を調べることが、広い宇宙における生命存在の可能性の議論に興味深い観点を付け加えてくれることになりそうです。身近な月ですが、やっぱり奥が深いですね。

月は日々遠ざかり、いつかなくなってしまう？

最近時々耳にするとても大きく見える月、「スーパームーン」。月が地球のまわりを回る軌道が少しゆがんでいるため、地球と月は遠ざかったり近づいたりします。月が近いと大きく見え、そのタイミングで満月を迎えると「スーパームーン」として話題になります。ちなみに、スーパームーンという言葉はもともとは占星術師が付けた名前だそうで、科学的な定義もなく、天文学用語ではありません。

そんな月の軌道のゆがみによる距離の変化とは別に、月はゆっくりと地球から遠ざかっています。月の軌道が徐々に外側に膨らんでいる、と言ってもいいでしょう。そのペースは、毎年４㎝くらいです。例えば１０００年前の平安時代の歌人が和歌に詠んだ月は、今より40mほど地球に近かったことになります。いったい、なぜそんなことが起きているのでしょうか。このまま行くと、月ははるか彼方に飛び去ってしまうのでしょうか。

この問題について考えるヒントになるのは、海です。海には満潮と干潮がありますが、これは月の重力によって生じる「潮汐力」で海水が引っ張られることで起こる現象です。実は海水だけでなく、固体の地球本体も潮汐力の影響で伸び縮みしています。岩石の塊である地球そのものを引き延ばすのですから、潮汐力は大したものです。

地球は1日かけて自分で一回転（自転）しています。一方、月が地球のまわりを一周するにはおよそ27日かかります。つまり、潮汐力によって地球の月に近い部分が引っ張られて膨らみますが、地球の自転が速いので、膨らんだ部分は月から見ると先へ先へと進んでいってしまうことになります。月は、この膨らんだ部分も重力で引っ張ります。地球にとってみれば、これは月から引っ張られて自転にブレーキをかけられていることと同じです。このため、地球の自転はわずかながら次第にゆっくりになっていきます。つまり、一日がわずかながら長くなっていくのです。そのペースは10万年で1秒ほどですから、私たちの日常生活に影響はありません。

これが、結果的には月が遠ざかることにつながります。その説明に使われるのが、「角運動量」という考え方です。高校物理で習う概念ですが、ごく簡単に噛み砕いて言えば「回転の勢い」と言ってもいいでしょう。大事なことは、この回転の勢いが簡単には増えたり減ったりしないということです。これを「角運動量保存の法則」といいます。

くるくるとスピンをするフィギュアスケートの選手を思い浮かべてください。最初は腕を横に伸ばしてゆっくり回っていたのに、腕をぎゅっと縮めるにつれて速くスピンするようになる、という姿を見たことがあるでしょう。これが角運動量の保存です。「大きなものがゆっくり回る」のも「小さなものが速く回る」のも、回転の勢いとしては同じなので、腕を縮めた分だけ回転速度が速くなったのです。
　もちろん、スケート選手は回り続けていればいつかは止まってしまいます。それは、地球上では空気の抵抗があり、また氷とスケート靴の間の摩擦もあるからです。しかし、真空の宇宙に浮かんでいる天体にはこうした摩擦が働かないので、回転の勢いが保たれる、つまり角運動量が保存されます。

　地球と月の話に戻りましょう。地球の自転が徐々にゆっくりになる場合、減ってしまう回転の勢いを補ってあげられるのは月しかありません。地球と月を全体として見たときに回転の勢いが保たれるためには、スケーターが腕を広げるのと同じように、月が徐々に地球から離れていくほかないのです。これが、毎年４cmくらい月が遠ざかっていくメカニズムです。

　では、これが延々と続くと月はどんどん遠ざかっていってしまうのでしょうか。実際にはそうはなりません。月が遠ざかる理由は、月が地球の自転にブレーキをかけているからでした。理論的には、このまま地球の自転が遅くなって地球の自転速度と月の公転速度が同じになれば、もうブレーキをかけることもなくなります。月の潮汐力によって膨らんだ地球の面が常に月のほうを向いているからです。すると、月も遠ざかることがなくなります。こうなると、地球の片側からは常に月が見えますが、反対側にいる人にとっては待てど暮らせど月が出てこない、ということになります。月を見ることができない場所があるなんて残念な気持ちになりそうですが、幸いにも、そんなことは心配しなくてもよさそうです。計算によると、地球の自転と月の公転が一致するのは５００億年後とのこと。しかし、50億年後には太陽が年老いて大きく膨らんだ赤色巨星となって地球に迫ってきます。つまり、そのときの地球は生命が住める惑星ではなくなっていることでしょう。年老いた太陽からは大量のガスが噴き出し、太陽は軽くなり、重力が弱まります。すると、地球の軌道は今よりも外側に広がっていきます。このため、地球は辛くも膨らんだ太陽に飲み込まれずに生き残ると考えられていますが、ともあれ、月が見られるとか見られないとか言っている場合ではありませんね。

月の中は実は地球にそっくりだった

スイカを叩いてみれば、中がしっかり詰まっているか空洞があるかがわかります。今どき店頭のスイカを叩いて回るのはマナー違反かもしれませんが、中を割って見ることのできないスイカの中身を確認するための知恵として広く知られています。スイカの内部に空洞があるときとないときとで、叩いたときの振動の伝わり方が違うため、音が違って聞こえるのです。同じく割ってみることのできない月の中身を知りたいときも、月を叩いてみればいいかもしれません。

叩くといっても、巨大な天体を手でポンポン叩いても仕方ありません。重要なのは叩くことではなく、振動の伝わり方を詳しく調べることです。地球の場合、惑星レベルの振動と言えば地震です。実は地球の内部構造は、地震の波の伝わり方を詳しく調べることによって明らかにされました。地震波の進む速度は、地震波が通ってくる物質の性質によって変わります。地球には表面に地殻、その下にマントルがあり、中心部には液体の外核と固体の内核という性質の異なる層があります。また、これらの境目では地震波が進む速度が急激に変わり、地震波が反射したり屈折したりします。巨大な地震が起きると地震波は地球の反対側まで届きますから、この地震波が届く速度を精密に測り、また地球上のさまざまな場所に置かれた地震計での測定結果を比較することで、内部の構造を推定することができるのです。

実は、月にも地震計が置かれています。地球ではなくて月なので、ここからは「地震」ではなく「月震」、地震計ではなく「月震計」と呼ぶことにします。月に月震計を置いてきたのは、アメリカのアポロ計画で月に降り立った宇宙飛行士たちです。当時はまだ月震というものの存在すら知られていなかった時代ですが、月震計を置いたことで初めて月震があることがわかりました。地震は深さ数十kmの場所で起きることが多いのに対して、月震は深さ1000kmというたいへん深い場所で起きるものが多くあります。月の半径は1738kmですから、月の中心に近いあたりで起きていることになります。29・5日周期で数が増減することから、地球と月の潮汐力によって起きているとも考えられています。

２０１１年、ＮＡＳＡのレニー・ウェバーさんたちが月震計のデータを詳しく再解析した結果を発表しました。それによれば、月の中心部には半径２４０kmの固体の内核、その上に90kmの厚さの液体の外核、さらに外側には岩石と金属が混じり合って一部液体となった層がさらに１５０kmの厚さで積み重なっていると考えると、月震計のデータをうまく説明できる、ということでした。月の半径１７３８kmのうち、もっとも内側の４８０kmの様子を明らかにする研究成果です。①

見積もられた内核の密度は、およそ８g／cm³でした。これは、ほぼ鉄の密度と同じです。つまり月の内核は、地球の核と同じく鉄が主成分であると推測できます。

ところがアポロの月震計のデータについて、実は固体の内核がなくてもうまく説明できるという研究成果も発表されていました。アポロ計画以降新しい月震計が設置されておらずデータに限りがあるため、答えが明確に決まらないのです。

２０２３年、月震とは別のデータをもとにした月の内部の推定が行われました。

---

① Weber, R. C., Lin, P.-Y., Garnero, E. J., Williams, Q. & Lognonné, P. Seismic detection of the lunar core. Science 331, 309-312 (2011)

フランス国立科学研究センターのアーサー・ブリオーさんたちが使ったのは、月を周回する探査機の詳しい軌道データや、探査機が測定した月の表面の形状などです。研究チームは、これらから求められる月の質量や密度、地球の潮汐力による月の変形や自転の変化の様子をまとめました。また、月の内部構造を少しずつ変えながら12万通りものモデルを作ってシミュレーションを行い、実際のデータと比べました。[②] その結果、固体の内核と液体の外核を持つモデルが観測データともっともよく一致することがわかりました。導き出された核の大きさは、内核の半径が258km、その上の外核の厚みはおよそ100kmとなりました。これは、ウェバーさんたちの結果と誤差の範囲内で一致し、月の中心に固体の核があることを裏付けるものです。

まとめると、月の中心には主に鉄でできた固体の内核があり、その外側に液体の外核、さらにその外側にマントルがあり、表面は地殻で覆われている、ということがわかりました。これは、大きさは違えど地球の構造とたいへんよく似ています。月は小さく大気もなく、表面は地球とは似ても似つかない環境になってい

② Briaud, A., Ganino, C., Fienga, A. et al. The lunar solid inner core and the mantle overturn. Nature 617, 743-746 (2023).

ますが、中身は見かけによらない、ということでしょうかね。

太陽系の大黒柱・太陽

とてつもないエネルギーの源は核融合

日々空から私たちを照らしてくれる太陽。直径は地球の109倍、約140万kmにもなります。地球に生きる植物は、太陽のエネルギーで光合成を行って生きています。その植物を食べる昆虫や動物も太陽の恩恵を受けていると言えます。そもそも、生物が生きていくのに、地球がちょうどよい温度になっているのは、太陽からの光のおかげです。地球は太陽のまわりを回っていますし、地球が生まれるときもほぼ同時に太陽系の中心で太陽ができあがりました。太陽なしには私たちの存在はあり得なかったと断言できます。

そんな太陽について人は、昔から考え続けてきました。例えば、太古の昔から輝き続ける太陽のエネルギー源について。もし太陽の中心でエネルギーを生み出しているのが石炭だとしたら、どうなるでしょう。1秒間に太陽から放たれるすべてのエネルギーと、石炭が1tあたりに生み出すエネルギー、そして太陽の質量（つまり燃料の総量）がわかれば、石炭をエネルギー源とする太陽が今のペースで輝き続けられる時間が計算できます。荒唐無稽に思えるかもしれませんが、太陽のエネルギーについて研究者たちが科学的に考えようとし始めた19世紀には、産業革命を受けて石炭がメジャーな人類社会のエネルギー源でした。計算で出てきた答えはわずかに5000年ほど。当時すでに進んでいた化石の研究によれば、これよりはるかに昔の時代に生きていた生物がいると考えられていました。さすがに当時の研究者も太陽なしで生命が生きられるとは思っていないので、太陽のエネルギー源が石炭ではないことは明らかでした。

今では、太陽は原子のエネルギーで輝いていることがわかっています。4つの水素原子核（陽子）が融合してヘリウム原子核になる「核融合反応」です。アインシュタインの相対性理論によって導き出される世界一有名な式「$E=mc^2$」に従って、陽子が融合するときのわずかな質量の減少が莫大なエネルギーとなって解放されるのです。太陽だけでなく、夜空に光る恒星はすべて核融合反応で輝いています。核融合はたいへん燃費が良く、材料となる水素も地球上に豊富にあるので、未来の人間社会を支えるエネルギー源として期待されています。日本を含め各国で実用化のための研究が進められていて、フランスには国際協力で実証実験を行うための巨大な施設「ＩＴＥＲ」が建設中です。しかし、高温高圧のプラズマガスを安定的に閉じ込めておく必要があるなど、技術的なチャレンジが多く、実用化への道のりはまだ不透明です。

人類がまだまだ到達できない核融合反応を太陽が自然にこなせている理由、それは太陽が巨大だからです。2×10^{30}kgという膨大なガスが球状に集まっているのが太陽です。その自重は大変なもので、これによって太陽中心部には超高圧・超高温な環境が作られ、これによって核融合反応が安定して続くのです。

周期的な大量絶滅の原因？　太陽の双子「ネメシス」は存在するか

地球に最初の生命が生まれたのは、今から35〜40億年ほど前だったと考えられています。最初は目に見えないほど小さな生命体でしたが、次第に大きくなり、エビやカニの仲間、魚の仲間、カエルの仲間、トカゲの仲間、鳥の仲間、そして人類がこの長い長い歴史の中で誕生してきました。これまでに地球上に生まれた多くの生き物の中には、すでに絶滅してしまったものも多く存在します。その中でもっとも有名なものは、恐竜でしょう。およそ2億3000万年前から6600万年前まで地球を支配した恐竜ですが、直径12㎞ほどの小惑星が地球に衝突したことでその大繁栄の歴史は終わってしまいました。

「巨大隕石の衝突によって恐竜が絶滅した」という説の信ぴょう性が高まったのは、1980年代。6600万年前の白亜紀後期の地層にイリジウムという物質が発見されたことでした。そもそもイリジウムは地球の表面近くではほとんど存在しないはずの物質ですから、それが特定の時代の地層にだけ存在するのは不思議なことです。イリジウムは隕石中からは見つかっていたので、この時代に巨大な隕石が地球に衝突し、イリジウムを運んできたのではないか、と考えられるようになったのです。ちょうどその時代に落下したと思われる隕石による巨大なクレーターがメキシコのユカタン半島で発見されたこともあり、小惑星が衝突したことはほぼ確実視されています。

白亜紀末の大量絶滅を含めて、地球生命は5度の大量絶滅を経験しています。しかし、絶滅率が高まったタイミングはこれ以外にもあったと考えられていて、過去2億5000万年間の化石の研究から、小規模ながら絶滅率が高まったタイミングが12回あり、それが2700万年周期で繰り返されているという論文もあります。しかしその原因についてはまだよくわかっていません。火山活動の活発化など地球環境の変動によるものなのか、それとも隕石のような外的な要因だったのか、さまざまな説が唱えられています。

そのうちのひとつが、太陽系の近くを通った天体によって太陽系内の重力バランスが崩れ、大量の天体が惑星に降り注いだ、というものです。その仮説上の天体は「ネメシス」と呼ばれ、太陽と双子を成す星だとされています。生物の絶滅が周期的に繰り返されていることから、ネメシスが周期的に太陽に近づくことが大量絶滅の引き金を引いているのではないか、と考えられたのです。

太陽系の果てのあたりには、氷を主成分とする天体が太陽系を球殻状に覆っているると考えられています。「オールトの雲」と呼ばれる領域ですが、こちらもまだ仮説上の存在で実際に観測されたことはありません。それでも存在する可能性が高いと考えられているのは、ここが「彗星の巣」ではないかと考えられているからです。彗星の正体は氷と岩石が混じり合ってひとかたまりになったもので、太陽に近づいて温度が上がることによって氷が解け、長い尾を伸ばすようになります。これまでにたくさんの彗星が発見されていますが、その軌道のもとをたどっていくと太陽系の果てのあたりに行きつく場合が多いため、ここに彗星のもとになるような天体が多く潜んでいるのではないか、と考えられるようになったのです。このオールトの雲の直径は、太陽と地球の間の距離（1億5000万km）の1万倍から10万倍と言われていて、約1光年（光が1年間に進む距離）に相当します。仮説通りなら、ネメシスは現在、太陽から1・5光年くらいの距離にあるはずですので、もし周期的に太陽に近づくのであれば、オールトの雲に含まれるたくさんの小天体に重力的な影響を与え、その一部は太陽系の内側に降り注ぐかもしれません。

しかしそもそも、太陽の双子の星なんてものがあるのでしょうか。実は、宇宙の星たちの世界では、双子や三つ子は珍しくありません。こうした天体を「連星」と呼びますが、生まれたばかりの星たちを観測してみると、確かに連星を成していることが多くあります。こうした研究の結果、太陽くらいの質量の星であれば、全体の半分以上が連星として誕生すると考えられるようになりました。つまり、ひとりっ子の星はむしろ少数派なのです。ですから、太陽が双子あるいは三つ子の星として生まれたということ自体はあり得ない話ではありません。

では、本当にネメシスは存在するのでしょうか。太陽の近くにどんな星があるかは比較的よく調べられていますが、今のところネメシスらしき星は発見されていません。今人類が知っている星のうちで太陽からもっとも近い「お隣」の星は、ケンタウルス座アルファ星です。実はこの星も三つ子の星（三連星）で、中でももっとも私たちに近いのがプロキシマ・ケンタウリ（太陽から4・2光年）です。ネメシスがあったとすると、その3分の1ほどの距離にあることになりますから、普通の星であればすぐに見つかるはずです。

ネメシスは「褐色矮星」と呼ばれる小さな天体であろう、とする説もあります。現在までに発見されている褐色矮星でもっとも地球に近いのは、Luhman 16 A/Bと呼ばれる連星を成す褐色矮星で、距離は6・5光年、赤外線での明るさは約9等星に相当します。もちろん人間の目には暗すぎて見えませんが、望遠鏡であれば楽々見える明るさです。ネメシスがこれより4倍近い位置にいれば、16倍の明るさで見えることになります。そんな明るさであれば、普通はすぐに見つかっているはずです。赤外線観測には宇宙望遠鏡も活躍していて、ＪＡＸＡの「あかり」やＮＡＳＡの「ＷＩＳＥ」が全天を観測しましたが、ネメシスに相当する天体は見つかっていません。このため、天文学者はネメシスの存在を疑っています。

仮にネメシスが存在したとしても、太陽との重力相互作用でその軌道が乱されてしまって、２７００万年という決まった周期で太陽に近づくこともないだろう、という指摘もあります。また、２７００万年周期で絶滅が繰り返されているという化石研究による主張自体が、まだ研究者の間で合意が得られたものとは言えないようです。化石の研究も宇宙の研究も、手に入る証拠（データ）が限られているという点では似ているかもしれません。さまざまなアイディアを出して仮説を立て、現実世界で手に入る証拠と照らし合わせて検証していく過程こそが研究の本質です。大量絶滅と天体の関係を探ることも、まさにそういった手探りの研究の一端を示しているといえるでしょう。

太陽風は地球への脅威か太陽系を守るバリアか

太陽の表面を望遠鏡で撮影してみると、盛んに爆発現象が起きています。これを太陽フレアと呼びます。太陽フレアが発生すると、そこから高エネルギーの荷電粒子が大量に噴き出し、太陽系の中を飛んでいきます。これが太陽風です。「風」と書きますが、地上の風のように生やさしいものではありません。その正体は、高エネルギーの荷電粒子、放射線です。しかも速度も地球上の風より桁違いに大きく、地球周辺では秒速400～800km（時速150万～300万km）にも及びます。こんなものが飛んできたら、ひとたまりもありません。実際、強い太陽風が直撃したことによって故障してしまった人工衛星もあります。

そんな太陽風が飛んできても私たちが無事なのは、地球の磁気圏が守ってくれているからです。しかし、太陽風が地球の磁気圏と激しく衝突することで磁気嵐が起きることがあります。観測史上最強の太陽風が地球を直撃したのは１８５９年のこと。イギリスの天文学者キャリントンがもとになった太陽フレアを観測したことから、キャリントン・イベントと呼ばれます。このときには、ハワイでもオーロラが見られたといいます。各地でオーロラが楽しめるだけならまだよいのですが、当時たくさんの人が情報のやりとりに使っていた電報のシステムに障害が起きてしまいました。磁気嵐によって電線に大きな電流が流れてしまったことが原因でした。また20世紀で最大の太陽フレアが起きた１９８９年には、同じく巨大な磁気嵐によって、カナダの送電線に過大な電流が流れ、停電が広範囲で発生しました。強い太陽風、大きな太陽フレアの発生は、私たちの現代社会に大きな影響を与えてしまいます。

太陽風はもちろん地球までで終わるわけではなく、もっともっとずっと遠くまで太陽系の中を吹き渡っていきます。太陽系の惑星がある領域をはるかに超えて届きます。この影響範囲をヘリオスフェア（太陽圏）、ヘリオスフェアの端をヘリオポーズ（太陽圏界面）といいます。ヘリオポーズは、太陽から１００～１５０天文単位ほどのところにあると考えられています。１天文単位は太陽と地球の間の距離、約１億５０００万kmに相当します。太陽系で一番外側を回る惑星は、太陽から30天文単位のところにいる海王星です。太陽風は、海王星よりも３～５倍も遠い場所まで到達しているのです。

２０１２年、ＮＡＳＡの惑星探査機ボイジャー1号がヘリオポーズを通過したというニュースが流れました。２０１８年にはボイジャー2号もヘリオポーズを通過しました。これら２機の探査機は、太陽の影響範囲を超えて飛び続けているわけです。

では、このヘリオポーズではどんなことが起きているのでしょうか。実際にそこを通り抜けた2機のボイジャー探査機には、プラズマ粒子のエネルギーや運動方向の観測を行うための観測装置が搭載されていました。残念ながら1号に搭載されていた装置はヘリオポーズ通過時には動かなくなっていましたが、2号の装置は打ち上げから40年以上も動き続けていて、貴重なデータを私たちに届けてくれました。

ボイジャー2号のデータ①によれば、ヘリオポーズ周辺では太陽風の速度はほとんどゼロになっていました。太陽風が、星間空間に満ちるガスと衝突してせき止められている証拠です。まさにここが太陽風が届く果てであることを表しています。その場所の温度はおよそ3万~5万度に達していました。これは事前の理論的な予想よりも2倍も高い温度でした。

ヘリオポーズを通り抜けていくボイジャー2号は、宇宙線の量がグッと増えていく様子も観測しました。宇宙線は太陽風よりもさらにエネルギーの大きな放射線で、太陽系の外の宇宙のいろいろなところで発生しています。ヘリオポーズを抜けると宇宙線が増えるということは、つまり太陽風が宇宙からの高エネルギー宇宙線を遮ってくれていたということです。遮っている宇宙線の量は全体の4分

① Richardson, J.D., Belcher, J.W., Garcia-Galindo, P. et al. Voyager 2 plasma observations of the heliopause and interstellar medium. Nat Astron 3, 1019–1023 (2019).

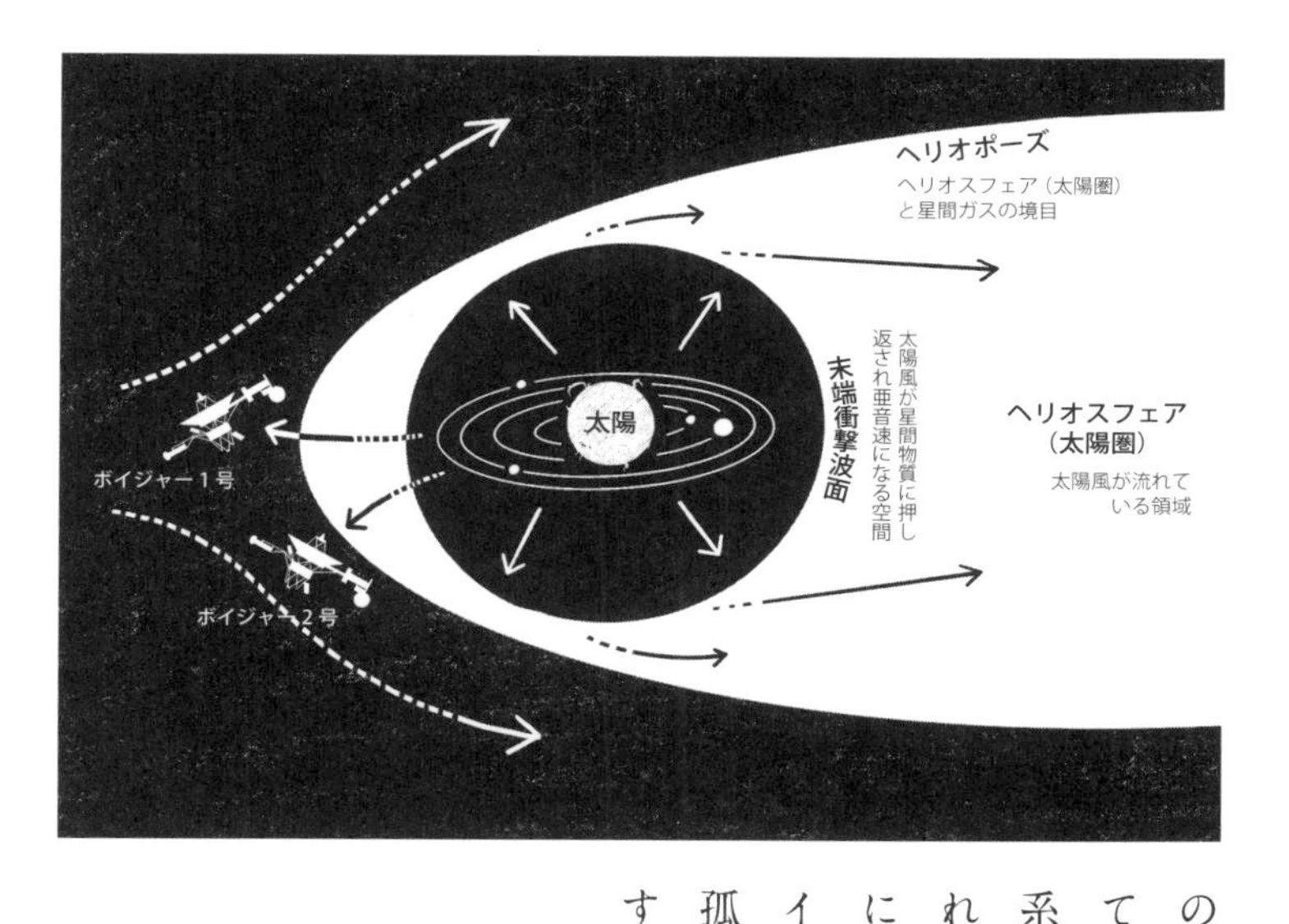

の1程度で、完全にシャットアウトしてくれるわけではありませんが、太陽系を高エネルギー宇宙線から守ってくれていると言ってもいいでしょう。逆に、そこを飛び出していった2機のボイジャー探査機は、そのバリアなしで孤独な旅路を続けていくことになります。

太陽は母ではなくきょうだいだった？

「母なる太陽」という言葉は、私たち地球に暮らす多くの生き物が太陽の恩恵を受けて生きていることを表現するときに使われます。そして、地球そのものにとってもお母さんのような存在です。星は宇宙に漂うガスや塵が重力によって集まることで誕生しますが、その集まりの中心でまず赤ちゃん星とも言える天体（原始星）が作られ、その周囲にガスや塵が円盤状に取り巻き、その中で惑星が成長していくと考えられているからです。中心の星が生まれなければ、惑星も生まれることはないでしょう。

そんな常識を打ち崩すかもしれない研究成果[①]が、2020年に発表されました。南米チリに建設された巨大な電波望遠鏡「アルマ望遠鏡」を使ってある赤ちゃん星を観測した結果、その赤ちゃん星が極めて若いにもかかわらず、その周囲にすでに惑星が成長しつつある（かもしれない）兆候が見つかったのです。

アルマ望遠鏡は、目で見える光ではなく、天体から放たれる電波をキャッチす

① Segura-Cox, D.M., Schmiedeke, A., Pineda, J.E. et al. Four annular structures in a protostellar disk less than 500,000 years old. Nature 586, 228-231 (2020).

る電波望遠鏡です。星は先に述べた通り宇宙に漂うガスと塵の雲の中で生まれます。生まれたばかりの星はまだ雲に覆われているので、光は遮られてしまって外からその様子をうかがうことができません。電波であればこの雲をすり抜けて出てくることができるので、電波望遠鏡を使えば赤ちゃん星のすぐそばの様子を見ることができます。

そんなアルマ望遠鏡で観測されたのは、地球から見るとへびつかい座の方向にあるＩＲＳ 63と呼ばれる原始星です。この原始星の年齢は50万歳以下と推定されています。太陽は今46億歳ですから、そのおよそ1万分の1の年齢ということになります。太陽が46歳のおじさんだとすると、ＩＲＳ 63の年齢は０・００５歳、つまり生後2日くらいということに。原始星はこれまでにいくつも見つかっていますが、その中でもかなり若いほうに分類されます。

観測の結果、ＩＲＳ 63の周囲に塵の円盤が撮影されました。まさに惑星が作られる現場、「原始惑星系円盤」です。しかしその円盤は、研究者の予想とは違った姿をしていました。のっぺりとした円盤ではなく、黒い筋のような隙間が2本刻まれていたのです。

似た隙間は他の若い星の円盤にも見つかっていて、これはすでに惑星が作られつつある証拠なのではないか、と研究者たちは考えています。円盤の中で塵が合体を繰り返して惑星へと成長していくわけですが、この間も塵のかたまりは円盤の中で中心の星のまわりを回り続けます。すると、その通り道にある塵を取り込んでいくか、逆に重力によって弾き飛ばしてしまうので、惑星（の種）の通り道からは塵がなくなっていきます。塵がなくなると電波を出す物質もなくなるので、電波でこのような円盤を観測すると黒い筋が入って見えるのです。

隙間の幅や塵のなくなり具合から、その中にある天体の質量も推測できます。IRS 63の円盤には半径19天文単位と半径37天文単位の2本の隙間があります。隙間の中にひとつずつ惑星があるとしたら、内側の惑星の質量は木星の0・47倍、外側の惑星の質量は木星の0・31倍となります。太陽系で言えばいずれも土星より大きな「巨大惑星」と呼ばれるクラスになります。

誕生から50万年以下しか経過していないＩＲＳ 63は、まだ周囲からどんどん物質を取り込んで成長している途中だと考えられます。「母なる太陽」がまだ成長中で、そのまわりで惑星ができ始めたとしたら、確かに「親子」というより「きょうだい」といったほうが正しいかもしれません。

ただ、この解釈も今後の検証が必要です。というのも、隙間があれば必ずそこで惑星が作られているという確証がないからです。現に、ＩＲＳ 63のまわりにも惑星は発見されていません。他の若い星のまわりの円盤にも隙間があるものが多く見つかっていますが、ごく一部の天体を除いて隙間に惑星は見つかっていません。円盤の中での温度の違いによって隙間（縞模様）ができるという説や、円盤を構成する塵やガスそのものの重力で（惑星がなくても）縞模様ができるという説を提唱している研究者もいます。今後、より高い感度と解像度を持つ観測が行われれば、惑星の有無についてより確かなことが言えるでしょう。星と惑星が

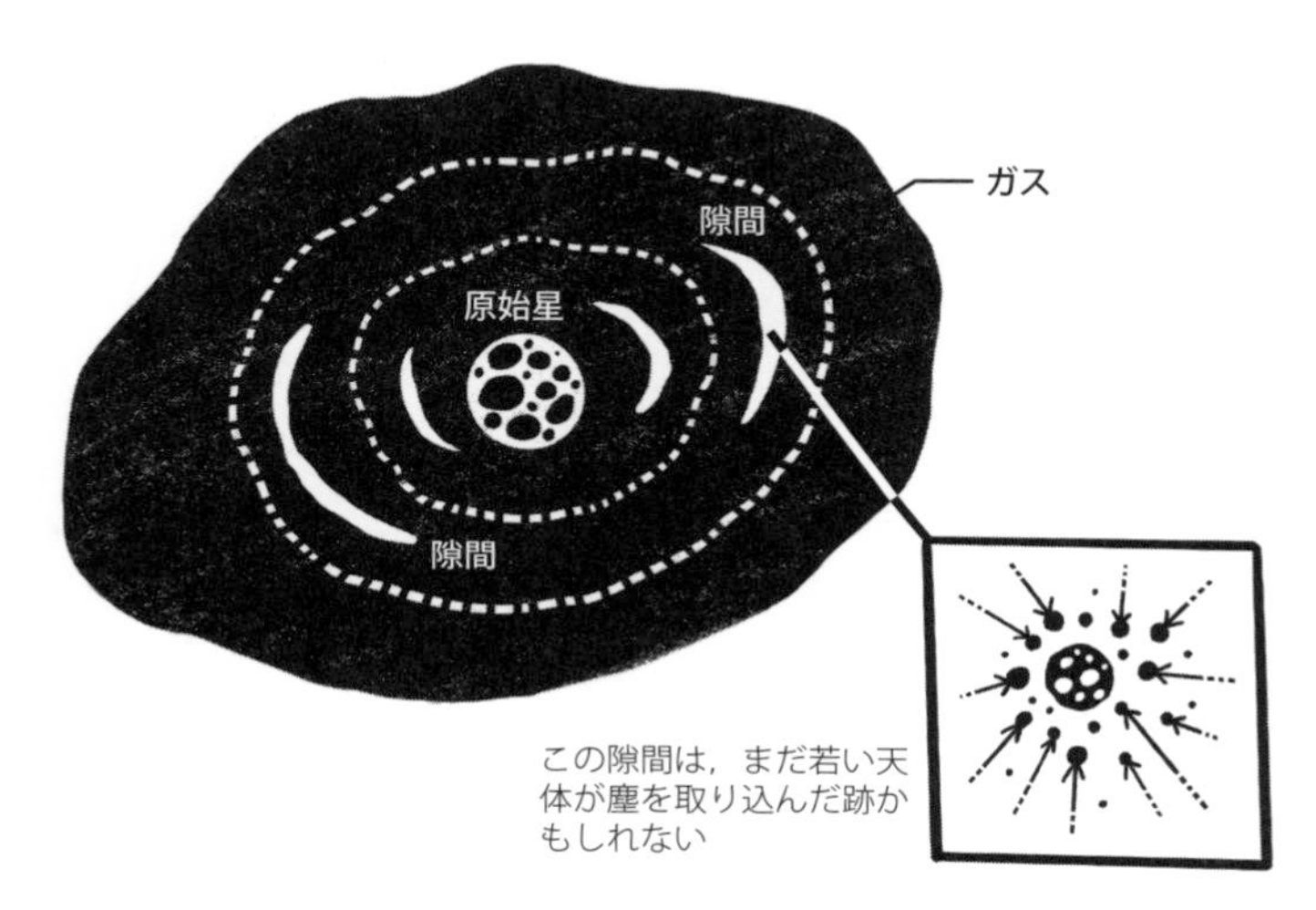

生まれるその瞬間に迫る研究は、今も続けられています。

Column①

ガンダムみたいなスペースコロニーを「小惑星をくり抜いて」建設するアイディア論文

コラムでは、さらにSFチックな宇宙ビジネス関係の話をご紹介します。

2020年代に入ってから宇宙ベンチャーによる人工衛星打ち上げが急増し、民間企業が月着陸をも目指す時代になっています。以前はSFの中の話だった宇宙開発が現実味を帯びています。

SFにもよく出てくるのは、宇宙に浮かぶ巨大都市「スペースコロニー」です。有名なのは、物理学者ジェラード・オニールが構想した「オニール・シリンダー」。2本の巨大な円筒形のコロニーを並べてそれぞれ回転させることで人工重力を生み出し、内部に暮らせる環境を作ります。円筒は長さ32km、直径8km、収容人口は1000万人。一方で現実の宇宙には有人基地は国際宇宙ステーション（幅110m）と中国宇宙ステーションしかなく、合わせても滞在できるのは10名ほどです。

なぜSFに追いつけないかと言えば、宇宙に打ち上げられる物資に限りがあるからです。国際宇宙ステーションは40回以上のロケット打ち上げに13年を費やして完成しましたが、そのペースではスペースコロニーは全然無理。「じゃあ、そもそも宇宙にあるものを使えばいいのでは？」と至極シンプルなアイディアが出てきました。それは、太陽系にたくさん浮かんでいる小惑星を使うもの。

アメリカ・ロチェスター大学の大学院生ピーター・ミクラフチッチさんたちは、コロナ禍のストレスを解消するクレイジーな研究として、スペースコロニーを題材に取り上げました。小惑星にはとてももろい性質を持つものもありますが、それを逆に利用します。ミクラフチッチさんたちのアイディアは、以下のようなものです。まず、もろい小惑星を見つけたら、軽くて丈夫なカーボンナノファイバーでできた伸縮性メッシュでふんわり包みます。その後、小惑星にロケットを取り付けて回転させます。もろい小惑星は遠心力で徐々に壊れていき、破片は外に飛び出していきます。それをメッシュでキャッチするのです。メッシュはある程度伸び、そこに小惑星の岩石がたまっていきます。すると、有害な宇宙線を防いでくれるシールドのできあがり。内部には空間ができるので、そこをコロニーにするのです。

この方法なら、直径300mの小惑星をもとにして60平方kmの面積を持つコロニーができる、というのがミクラフチッチさんたちの見立てです。もちろん現時点では机上の空論。しかし、ライト兄弟が初めて飛行機で空を飛んでから60年余りでアポロが月に行ったことを考えると、100年後には思ってもいない未来が実現している可能性も十分にあります。重要なのは、夢に向かって打ち込む人の情熱です。

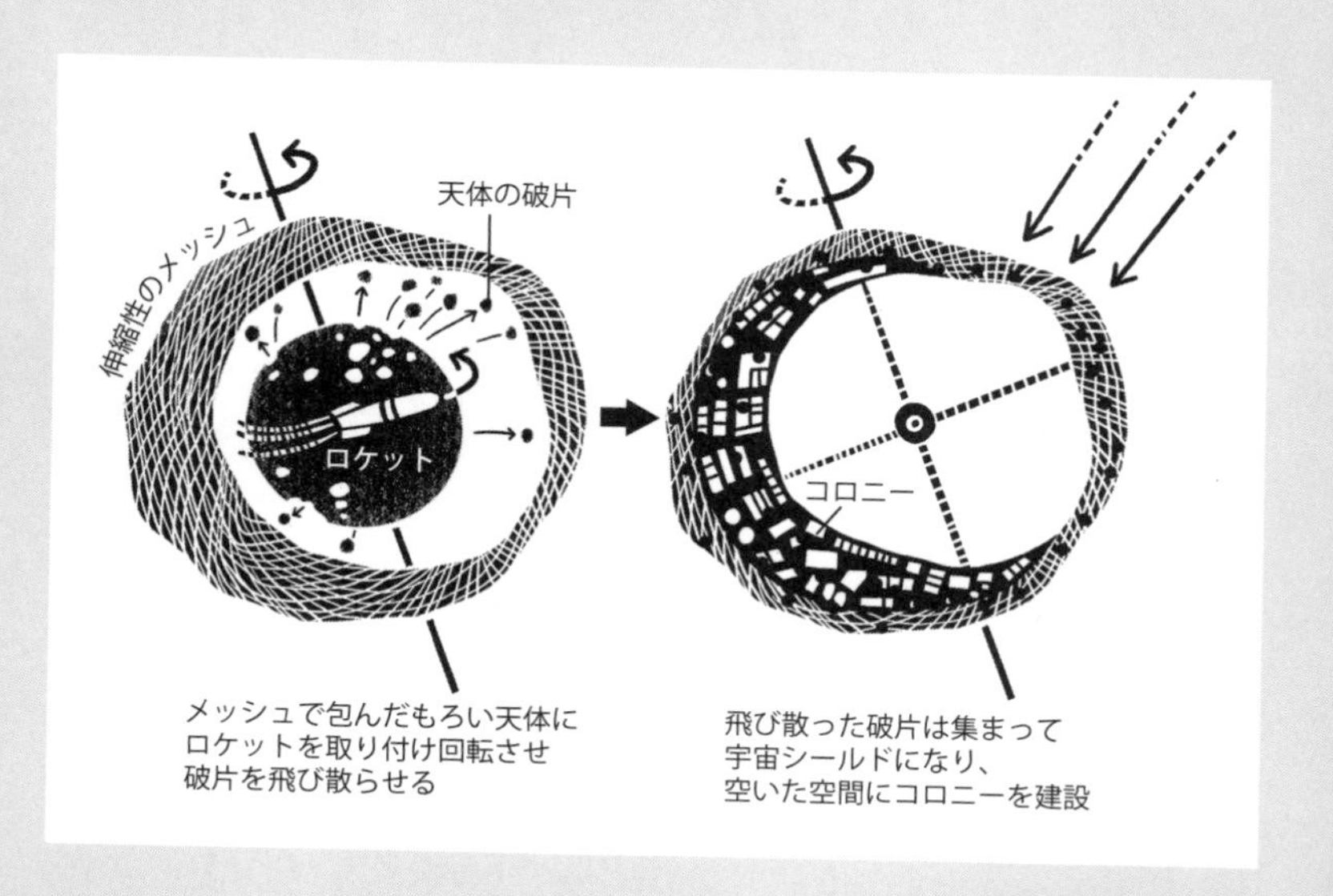

3章

太陽系惑星たちの知られざる姿

太陽系──地球の家族たち

知っているようで知らない太陽系の惑星たち

太陽系、それは膨大なエネルギーと重力を持つ太陽が支配する世界です。地球はその第3惑星であり、より内側には水星と金星、外側には火星、木星、土星、天王星、海王星が回っています。

この惑星たちは、いくつかの切り口でグループ分けすることができます。例えば、水星、金星、地球、火星の4つは岩石惑星と呼ばれ、地球と同じく固い地面がある惑星です。一方で木星、土星はほとんどがガスでできた巨大ガス惑星、天王星と海王星は氷を大量に含んだ氷惑星です。別の切り口では、水星と金星には衛星（月）がありませんが、地球とそれより外側の惑星には衛星があります。大気のある惑星とない惑星、磁場（磁気圏）のある惑星とない惑星など、その素顔はさまざま。

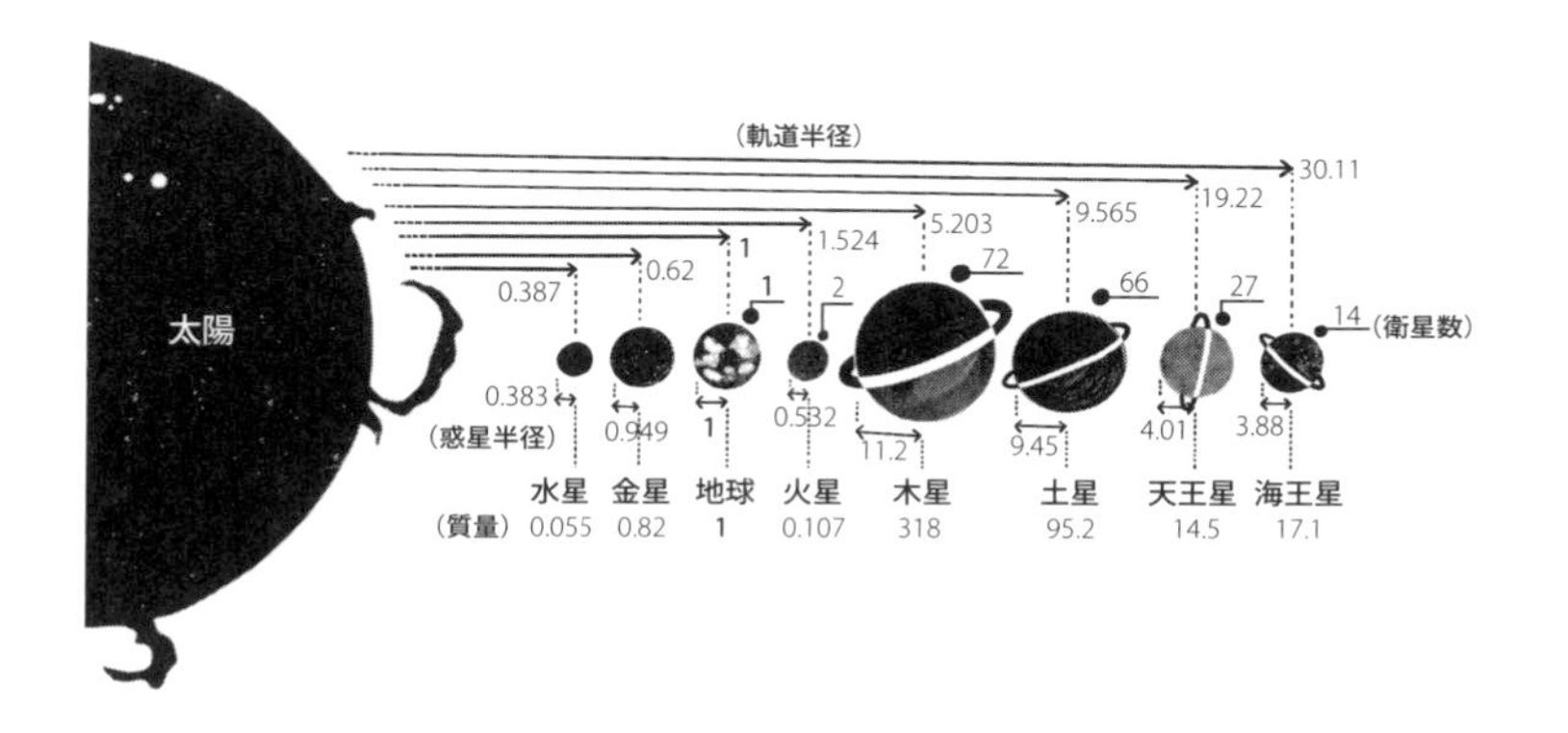

	(軌道半径)	(惑星半径)	(質量)	(衛星数*)	(環の有無)
水星	0.39	0.39	0.055	0	X
金星	0.62	0.95	0.82	0	X
地球	1	1	1	1	X
火星	1.5	0.53	0.11	2	X
木星	5.2	11	318	72	○
土星	9.6	9.5	95	66	○
天王星	19	4	15	27	○
海王星	30	3.9	17	14	○

出典：理科年表2024年版（丸善出版）

＊衛星数は、軌道が確定して国際天文学連合に登録された物に限る。未確定のものを含めると、木星の衛星は95、土星の衛星は149。

この多様な惑星たちに、人は昔から特別な興味を持っていました。地球を除く7つの惑星のうち、水星から木星までは望遠鏡を使わず肉眼でも見えるので、望遠鏡の発明前からその存在が知られていました。夜空の中でも明るく見え、しかも星座の中をゆっくりと動いていくように見えることから、その動きに意味があり、私たちが住む世界とも何か関係があるのではないかと考える人たちもいました。太陽や月、惑星たちの動きと結び付けて人間世界を理解しようと発展してきたのが、占星術です。もし惑星たちがひとつも見えない世界だったら、占星術ももっと違うかたちをしていたかもしれません。

16世紀ごろになると、惑星の動きがとても精密に測定されるようになりました。そして17世紀初頭（日本では江戸時代が始まったころ）に望遠鏡が発明されると、惑星たちの素顔が次第に明らかになってきました。満ち欠けをする金星、4つの月を持つ木星、環を持つ土星など、実に個性的な姿をしていることがわかってきたのです。17世紀後半にはニュートンが万有引力の法則を確立させ、宇宙の天体たちが「神が導く自然の調和」ではなく力学の法則に従って動いていることがはっきりしました。さらに、それまで知られていなかった新惑星、天王星と海王星が18世紀と19世紀にそれぞれ発見されました。20世紀に入ると写真の技術が進み、冥王星が発見されます。第二次世界大戦とともに急速に進歩したロケット技術を使って、戦後には惑星に探査機が直接送り込まれるようになりました。20世紀末から21世紀初頭にかけて望遠鏡技術はさらに大きく前進し、太陽系の外縁部に冥王星に似た天体たちがたくさんあることも明らかになりました（これによって、冥王星は惑星からはずされました）。この400年余りの技術革新を通して、惑星は「星座の中で不思議な動きをする天体」から「地球の個性豊かな家族」へと変貌してきたのです。

こうして明らかになってきた惑星の素顔は、驚きに満ちていました。そして、まだ謎も多く残されています。現在計画中、あるいはすでに飛行中の惑星探査機も数多くありますから、これらが探査に赴くたびに、その天体の新たな一面を見せてくれることでしょう。地球の家族たちは、まだまだ私たちを驚かせてくれます。それはひるがえって、地球という存在を見つめなおすことでもあります。

太陽に一番近い惑星・水星

なんで日中温度が400℃の水星に「氷」があるの？

水星は「水の星」と書きますが、水はありません。が、実は水ではなく氷が存在するといわれています。水星と言えば、太陽系の8つの惑星の中で一番太陽に近いところを回っている惑星。浴びる太陽光の強さは地球上の10倍以上になり、昼の表面温度は400℃を超える厳しい環境です。こんなところに、なぜ氷が存在できるのでしょう？

1990年代、強力なレーダーを使った観測から水星に氷がある可能性が示されました。氷はレーダーの電波を強く反射するので、普通の地面と区別がつくのです。氷が見つかったのは、極地のクレーターの中でした。水星は自転軸がほとんど傾いていないので、極地のクレーターにはほぼ真横から太陽光が当たります。するとクレーターの内部のくぼ地には太陽光が当たらず低温が保たれ、氷が解けずに長い期間存在し続けることができるのです。常に日が当たらない場所を「永久影」と呼びます。月の極地にも永久影があり、水星と同じく氷の存在が期待されています。

永久影の中なら氷が存在し続けられるとして、そもそも最初はどうやってできたのでしょうか。地球には豊富な水がありますが、地球のもとになったたくさんの小天体（微惑星）がそれぞれに少しずつ水を含んでいてこれが海の起源になったという説や、地球ができた後に小惑星や彗星などが水を運んできた説などが提唱されています。では、水星では？

太陽に非常に近い超高温の環境だからこそ水があったのでは、と考えるのはジョージア工科大学のブラント・ジョーンズさん。①水がどこかから運ばれてきたのではなく、水星の磁場と太陽から飛んでくる粒子をもとにその場でできた、という驚きのアイディアです。水星の磁場は地球の1％ほどしかない弱いものですが、太陽から噴き出す太陽風に含まれる陽子H（水素の原子核）が磁場にから

① Jones, B. M., Sarantos, M., Orlando, T. M. A New In Situ Quasi-continuous Solar-wind Source of Molecular Water on Mercury, The Astrophysical Journal Letters 891, L43 (2020)

め取られ、地面まで届けられます。水星の地面に含まれる鉱物には酸素（O）が含まれていますので、結合してヒドロキシル基OHができます。水星表面は非常に高温になるので、鉱物中のOH同士が反応して、水蒸気（H_2O）が作られるのです。多くの水蒸気は水星から逃げていったり太陽光で壊されたりしますが、壊されずに残ったものが運よく温度が低い極地周辺に来れば、氷になってたまっていくというわけです。地球と同じく水星の磁力線も南北の極地をつなぐ形になっているので、磁力線にとらわれた陽子は極周辺に大量に飛来します。シミュレーションによれば、極地周辺で、しかも日が当たって温度がある程度高くなる場所でもっとも効率よく水が作られるようです。

一方、過去の水星には水のような揮発性物質（蒸発しやすい物質）がもっと広範囲に存在していたという研究もあります。水星表面は月面のようにクレーターがボコボコあいている地形ですが、その中で非常に複雑な地形が見られる場所があります。1974年、NASAの探査機マリナー10号によって発見されたこの地形は巨大隕石の衝突によって作られたと長年考えられていましたが、新しいN

ASAの探査機メッセンジャーが詳細に地形を調べたところ、地形の変化が18億年前まで続いていたことがわかりました。[②] これは巨大隕石の衝突よりも20億年も後のことで、地形変化の原因が隕石衝突ではないことが明らかになったのです。火山もプレート運動もない水星で、何が起きたのでしょう？

その原因が、揮発性物質ではないかと考えられているのです。水星の地面には、地面が陥没したような形跡が見られます。これは、地下に存在していた揮発性物質が地熱や太陽熱によって急激に蒸発してしまい、地下に空洞ができて地表が陥没したと考えるとつじつまが合います。この揮発性物質がどのようにできたのかはまだわかっていません。極地のように太陽風と磁場で作られた水は地下深くには届かないので、彗星や小惑星が運んできたものかもしれません。ともあれ、「太陽に一番近い惑星に氷なんてあるわけないよね」という常識をいとも簡単にひっくり返してくれるこの奥深さが、宇宙の魅力のひとつと言ってよいでしょう。

② Rodriguez, J. A. P., Leonard, G. J., Kargel, J. S. et al. The Chaotic Terrains of Mercury Reveal a History of Planetary Volatile Retention and Loss in the Innermost Solar System. Scientific Reports 10, 4743 (2020)

明けの明星・金星

金星には今も活動している火山があった！

日本は火山大国。火山のおかげで、富士山のような美しい景観や数々の温泉に恵まれています。時には噴火して災害をもたらしたりもしますが、それでも私たちは火山とともに生きてきました。もちろん日本以外にも地球上には数えきれないくらいの火山があります。では、地球以外の天体に火山はあるのでしょうか？

有名なのは、木星の衛星イオの火山です。ＮＡＳＡの探査機ボイジャーは、イオの火山から噴き出た噴煙の写真を撮影し、研究者たちを驚かせました。巨大な木星の潮汐力によってイオが揉まれ、内部が高温になって火山活動が起きているようなのです。つい最近まで、太陽系内で火山が見つかっているのは地球とイオの２つだけでした。ところが、金星でも火山活動が起きているのではないか、という研究結果が２０２０年に立て続けに発表されました。

ひとつは、金星独特の地形に注目したものです。金星には、直径数百kmから1000kmを超えるサイズの「コロナ」と呼ばれる盛り上がった地形があります。スイス連邦工科大学のアンナ・グルヒャーさんたちは、金星の地下の3次元コンピュータシミュレーションによってこのコロナがどうやってできるのかを研究しました。コロナは、金星の地下深くから上昇してきたマントルが金星の地殻を押し上げることによってできたと考えられていますが、シミュレーションでは進み具合によってコロナの形が4種類に分けられることが明らかになりました。これを金星表面のレーダー観測結果と比較すると、金星のコロナ地形の少なくとも37個は現在も活動的な状態にあることがわかりました。そして活動中のコロナは、金星の南半球に広く分布していました。これは、金星の内部が均一ではなく活動にむらがあることを示しているのかもしれません。①

地下からマントルが浮き上がってくる現象は、地球でも見られます。もっとも有名なのは、ハワイ諸島です。ハワイは太平洋の真ん中に浮かぶ火山島群ですが、これは地下から巨大な高温の岩石のかたまり「プルーム」が湧き上がってくるこ

① Gülcher, A. J. P., Gerya, T. V., Montési, L. G. J. et al. Corona structures driven by plume-lithosphere interactions and evidence for ongoing plume activity on Venus. Nature Geoscience 13, 547-554 (2020)

とによって地表に火山島が生まれたのです。金星でも、同じようなことが起きているようなのです。

さらに、流れ出たばかりの溶岩を発見した可能性も指摘されています。欧州宇宙機関の探査機ビーナス・エクスプレスは赤外線センサを使って金星の溶岩流を観測し、溶岩流から出てくる赤外線を詳しく調べました。地表に出てきたばかりのフレッシュな溶岩流は赤外線をよく放射しますが、時間が経つと次第に表面が酸化鉄など別の物質で覆われ、赤外線の出方が変わってきます。このため、赤外線観測によって溶岩流が地表に出てきたおおまかな年代を推定することができるのです。これによって、少なくとも250万年よりも若い溶岩流があることがわかっていました。太陽系の年齢である46億年に比べると250万年はたいへん短い時間ですが、でも今この瞬間に活火山があるかどうかはわかりません。そもそも、金星での溶岩流の表面の変化がどのように進むのかが詳しくわかっていなかったので、細かい時代を推定するのが難しかったのです。

アメリカ・月惑星研究所のジャスティン・フィリベルトさんたちのチームは、溶岩流に含まれるカンラン石と呼ばれる鉱物を実験室で600～900℃まで熱する実験を行いました。最大で1か月弱の間加熱し、その後熱するのをやめて地球大気に触れさせて表面の変化の様子を調べたのです。すると、カンラン石はわずか数日から1か月で酸化鉄に覆われることが明らかになりました。金星の赤外線観測では、カンラン石の特徴がまだ見られる溶岩流も発見されています。[②] これはつまり、1か月以内に噴き出した溶岩である可能性があるのです。

研究チームは、今度は金星の大気の成分に似せた環境でカンラン石の変化を調べようとしています。これでも同じように短い期間で表面の変化が起きるようなら、金星に活火山があるということがより確かになるでしょう。

木星がなければ金星は「住める惑星」だったかも？

金星は、表面温度460℃という過酷な世界です。水は当然蒸発し、地球の生き物は生きていくことができません。金星は地球より太陽に近いので高温になる

② Filiberto, J., Trang, D., Treiman, A. H. et al. Present-day volcanism on Venus as evidenced from weathering rates of olivine. Science Advances 6, eaax7445 (2020)

のは当然と思われるかもしれませんが、実際には分厚い大気と大量の二酸化炭素による強烈な温室効果が効いているので、金星が熱いのは単に太陽に近いという理由だけではありません。

では、なぜこんなに熱い世界になってしまったのでしょう。その責任は木星にある、という研究結果が２０２０年に発表されました。アメリカ・オーストラリア・ベルギーの研究者たちからなる研究チームは、太陽系最大の惑星である木星が、太陽の長い歴史の中で他の惑星に大きな影響を与えてきたことに注目し、金星が今の姿になった経緯を調べました。[①]

太陽系の惑星たちは、約46億年前に太陽が誕生したころ、その周囲に浮かんでいたガスや小さな塵の粒子が合体して作られたものです。惑星ができあがっていく段階では、惑星たちは今いる場所で静かに作られたわけではなく、軌道を大きく乱しながら成長していったと考えられています。特に木星や土星のような大きな惑星は今よりも太陽に近い位置まで移動してきたという説があり、その影響は

① Kane, S. R., Vervoort, P., Horner, J. et al. Could the Migration of Jupiter Have Accelerated the Atmospheric Evolution of Venus? Planetary Science Journal 1, 42 (2020)

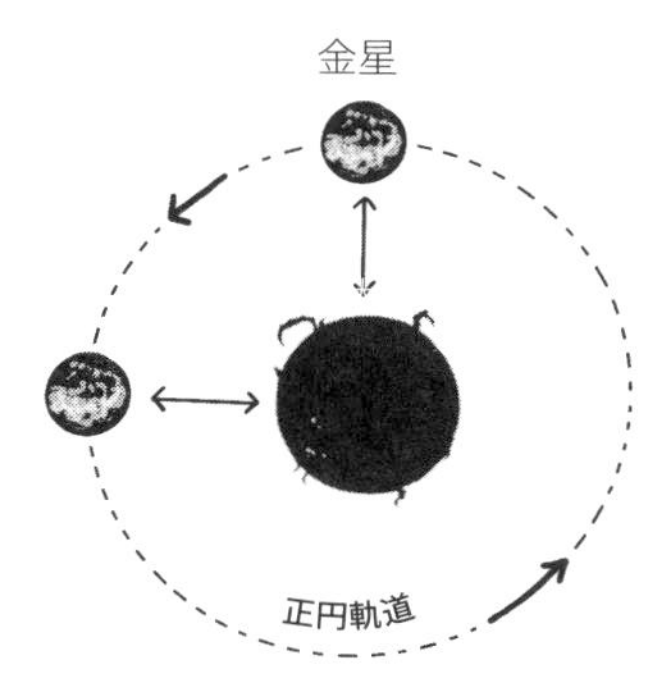

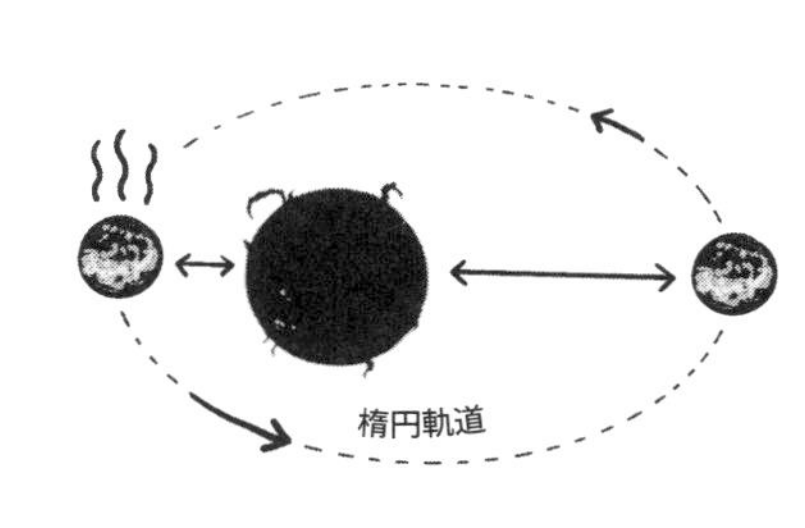

太陽との距離が一定だから
金星の気候はあまり変わらない

太陽に近くなる時に
気温が上昇して海が干上がる

とびきり大きいものでした。太陽系の果てまで弾き飛ばされてしまった天体も多くあるとされています。

金星も地球も、その影響を受けました。が、幸いにも弾き飛ばされることはありませんでした。研究チームは精緻なコンピュータシミュレーションを行うことで、木星の重力によって金星の軌道が引き伸ばされた楕円形になった可能性を示しました。金星の軌道は今はほとんど円軌道で、太陽との距離があまり変化しません。ところが伸ばされた楕円軌道だと、あるときは太陽にとても近く、あるときはとても遠くなります。すると、気候に与える影響はとても大きくなります。

金星が太陽に近いとき、気温はぐっと上昇します。金星にも昔は海があったと考えられますが、海の水はどんどん蒸発し、大気に水蒸気がたまっていきます。水蒸気は二酸化炭素よりも温室効果が強いので、気温はさらに上がり、海水はさらに蒸発し、温室効果がより強くなるという負のスパイラルがどんどん進んでしまいます。やがて海は干上がり、地殻にあった水分すらも蒸発してしまいます。地殻の水分はプレート運動の潤滑油の働きをしているため、水分がなくなるとプレート運動が止まってしまいます。プレート運動は、土の中の鉱物と結合した二酸化炭素を地下に運ぶ役割を持っていますが、この働きが止まってしまうと二酸化炭素が地下に運ばれなくなり、第二の温室効果ガスとして大気中に残ってしまいます。大気中に含まれていた水蒸気は太陽の強い光で壊され、さらに金星の大気から流れ出していってしまいました。こうして、金星は灼熱で乾燥した惑星になってしまったのです。

もし木星の位置が少し違っていたら、地球が今の金星のような運命をたどっていたかもしれません。あるいは木星がなかったら、もしかしたら私たちは金星人として生まれていたかもしれません。夜空に明るく輝く金星や木星を見たら、もしかしたらあったかもしれない別の世界線に思いを馳せてみるのも楽しそうです。

私たちの住む惑星・地球

地球の自転を急停止させたら、地球はどうなる？

地球は、およそ24時間かけて一回転しています。大きな地球の上に立っている私たちには、それを感じることはほとんど不可能です。太陽や月が時間とともに動いていくことは、地球が自転している証拠ですが、しかしそれは地動説を理解しているから。素朴に空を見上げていたら、地球が動いているなんてとても信じられません。

地球は、赤道付近で一周およそ4万㎞あります。これが24時間で一回転するわけですから、時速約１７００㎞ということになります。新幹線の最高速度が時速３２０㎞、飛行機の速度はおよそ時速９００㎞ですから、地球の自転がいかに速いかがわかります。

では、もし地球が今この瞬間自転を止めてしまったら、何が起きるでしょう。もちろんそんなことは絶対に起きませんが、頭の中で考えてみるのは自由です。国立航空宇宙博物館（NASM）の名誉地質学者であるジェームズ・ジンベルマンさんはそのような思考実験をしてみました。

それは、猛スピードで走る車が急ブレーキをかけるようなもの。車だってすぐには止まれませんが、それでも中に乗っている人は前に放り出されそうになるでしょう。これを、慣性の法則と呼びます。慣性の法則とは、万有引力の発見者アイザック・ニュートンがまとめたもので、「誰も手を加えなければ、止まっているものは止まったまま、動いているものは同じ速度でまっすぐ進む」というものです。車に急ブレーキをかけると車は止まろうとしますが、中に乗っている人は（シートベルトを締めていなければ）もとの車の速度で前に進もうとするわけです。

地球の自転は、車とは比べ物にならない速さです。もし地球の自転が止まったとしたら、地球の上にいる私たちもまわりの建物も川や海の水も、赤道付近なら時速１７００㎞で動き続けようとするのです。地上に固定されていないものは猛スピードで吹き飛ばされますし、地面に固定されている木や建物は根元からちぎれたり、場合によっては地面ごと引き裂かれたりするでしょう。吹き飛ばされた物体は、地球の自転と同じく東の方向に時速１７００㎞で投げ出され、やがて地球の重力に引っ張られて落ちてきます。落下のエネルギーは相当なもので、少なくとも海の一部は蒸発してしまうでしょう。

地球の回転速度は赤道でもっとも速く、緯度が高くなるにつれて遅くなります。例えば北緯／南緯60度の場所では、速度は赤道に比べて半分の時速８５０㎞です。飛行機と同じくらいの速度ですが、それでも起きることはほとんど変わらないでしょう。北極点や南極点では、自転の速度はゼロになります。このため、地球が急に止まってもすぐに吹き飛ばされることはありません。とはいえ、緯度が低い地域の空気や水はものすごいスピードで動いていますので、極地と言えどもやがて暴風や大津波が襲ってくることでしょう。即死は免れるかもしれませんが、極地にいても助かる見込みはなさそうです。残念。

地上が壊滅した後は何が起きるでしょうか。完全に自転が止まった場合、地球のある地点に着目すると、地球が1年かけて太陽を1周する間に昼と夜が1回ずつ訪れることになります。昼は長い間高温にさらされ、夜は低温が続くでしょう。幸運にも大気が残っていたとしても、風は昼の側から夜の側にかけて吹くようになり、海が残っていたとしても海流は大きく変わるため、地上の気候は今とはまったく違うものになるでしょう。でも、もし大気や海が残っていたとしたら、そこには微生物がしぶとく生き延びている可能性はあると思います。長い時間をかけて、新しい地球の環境に適応した生物が進化してくるかもしれません。生物の進化をあるところからやり直したら、どんな世界になるのでしょう。地球の自転が急停止するというのは荒唐無稽な仮定ですが、物理や化学や生物の知識を総動員して何が起きるか空想するというのは、もしかしたら楽しい頭の体操になるかもしれません。

地球に土星のようなリングができるかも？

土星と言えば、美しいリングで人気の天体です。もしリングがなかったら、きっと味気ない姿になってしまうことでしょう。でも、安心してください。地球にももうすぐリングができるだろうと予測する研究者もいます。ただしそのリングは、残念ながらゴミでできているかもしれません。

今、人工衛星の数は爆発的に増えています。人類最初の人工衛星スプートニク1号が打ち上げられたのが、1957年。通信衛星、気象観測衛星、天文観測衛星、地球観測衛星、軍事衛星などさまざまな用途の人工衛星が打ち上げられています。欧州宇宙機関（ＥＳＡ）によれば、2022年11月時点でスプートニク1号以来のロケット打ち上げ数（成功のみ）は約6300回、衛星の数は累計で約15000機（うち、今も軌道上にあるものが約9600機）。これまでは政府機関主導という面がありましたが、最近は宇宙ベンチャーの活動がとても活発です。イーロン・マスク氏率いるスペースX社は、最大4万機の人工衛星で世界中にブロードバンドインターネット接続を届けるスターリンク計画を進めていて、すでに５０００機以上を打ち上げています。スペースX社以外にも大規模人工衛星群を打ち上げる計画を立てている会社はいくつかあり、２０３０年代前半には人工衛星の数は10万機を超えると想定されています。

たくさんの衛星が打ち上がって私たちの生活が便利で快適になるのはいいのですが、気になるのは宇宙ゴミ（スペースデブリ）の問題。衛星を打ち上げたロケットの上段、すでに機能を停止した衛星、あるいはそれらのかけらが、今も地球のまわりを巡っています。その数は、１㎜以上のもので1億３０００万個にも上ると推定されています。ロケット打ち上げ数は近年急激に伸びているので、スペースデブリも増大する一方です。

デブリが増えてくると、デブリが衛星やロケットに衝突することでさらにデブリが増えていく、という悪循環が起こります。実際、２００９年には使われなくなったロシアの衛星がアメリカの通信衛星に衝突して大破し、たくさんの破片がまき散らされてしまいました。衝突が繰り返されて、デブリが際限なく増えていくことを「ケスラーシンドローム」と呼びます。こうなってしまうと、制御できないデブリが軌道上に無数に飛び交うことになり、人工衛星を安全に運用することができなくなってしまいます。遠距離通信や天気予報、ＧＰＳなど現在の便利な生活のさまざまなところで人工衛星が活躍していますが、これらが使えなくなったら、私たちの生活はどうなってしまうのでしょうか。

そんな事態を防ぐために、デブリを回収するための研究が進められています。ユタ大学のジェイク・アボットさんたちの研究チームは、人工衛星に取り付けたロボットアームの先端に磁石を置いて回転させることで「渦電流」を発生させ、これによって宇宙に漂うデブリを吸い付けるという方法を検討しています。ＳＦ作品で見かける、対象物に触らずに動かすことのできる「トラクター・ビーム」とも言われるものです。このほか、強力なレーザー光をデブリに当てて一部を蒸発させ、その反動で軌道を変えて大気に突入させる方法であるとか、別の衛星からネットを放出してデブリを捕まえる方法など、多くの国や企業でさまざまなアイディアの実現に向けた研究が進んでいます。近い将来、宇宙でのゴミ収集を専門に扱う企業が出てくるかもしれません。

宇宙は広いからと言って、ポイ捨てしていいわけはありません。宇宙そのものは広くても、地球のまわりの衛星がいる軌道はけっこう狭いのです。その貴重な場所をこれからもちゃんと使い続けられるように、スペースデブリ収集技術の発展を願いましょう。

多くの探査機が向かった惑星・火星

火星の水は宇宙へ逃げたのではなく地殻に取り込まれた

地球のひとつ外側を回る惑星、火星。地球から眺めてもやや赤っぽく見えますが、実際に探査機が近くで撮影した火星の写真には、赤茶けた大地がどこまでも広がっています。火星はとても乾燥していて、地表は水は見当たりません。豊かな海をたたえた地球とは大違いです。一方で、火星探査車による岩石の分析結果から、過去には水があっただろうという結論が導き出されています。水がないと作られない種類の鉱物が見つかっているのです。火星の北半球は南半球よりも標高が低く、北半球には広大な海が広がっていたのではないかと考えられています。では、火星を覆っていた海の水はどこに行ってしまったのでしょうか。

水は蒸発し、さらに大気からも流れ出してしまった、というのがこれまでの定説でした。火星は地球とは違って磁場を持ちません。磁場はバリアの働きをしていて、太陽から飛んでくる高エネルギー粒子の流れ（太陽風）を遮ってくれます。火星にはこのバリアがなく、大気が太陽風に直接さらされます。このため大気はどんどん剥ぎ取られていき、それと一緒に水（水蒸気）も宇宙空間へと流れ出していったのだろう、というのです。

しかし、水はまだ火星の地面の中に隠れているはずだ、と定説を覆す研究成果が２０２１年に発表されました。①研究を主導したアメリカ・カリフォルニア工科大学の研究者エヴァ・シェラーさんたちによれば、その手がかりを教えてくれるのは２種類の水素のようです。

水素（H）は宇宙でもっともたくさんある元素で、水にもH_2Oという形で含まれています。水素には、普通の水素（軽水素、Hydrogen）の他に、ごくごく微量ながらほぼ倍の重さを持つ重水素（Deuterium）や3倍の重さを持つ三重水素（Tritium）があります。シェラーさんたちが注目したのは、火星の岩石や火星から飛来した隕石に含まれる重水素と軽水素の比（D／H比）です。

① Scheller EL, Ehlmann BL, Hu R, Adams DJ, Yung YL. Long-term drying of Mars by sequestration of ocean-scale volumes of water in the crust. Science. 2021 Apr 2;372(6537):56-62.

普通、重水素は軽水素の0・02%しかありません。しかし、太陽風で大気から吹き飛ばされるときには、重水素よりも軽い軽水素のほうがより多く飛び出していくことになります。であれば、火星に取り残された水素のD/H比は大きくなっている（重水素が多く残っている）はずです。ところが現在の大気の流出率などを参考に水がすべて大気から流出してしまった場合を考えると、実際の観測で得られているD/H比を説明することができません。

宇宙空間へと流れ出していないのなら、地中に隠れているはずだ、というのがシェラーさんたちの考えです。地球の岩石でも、水を含んでいるものがあります。と言っても穴があいていて水がチャポチャポ入っているわけではありません。鉱物の構成要素としてさまざまな原子の配列の中に水分子が取り込まれて結合するのです。でも、地球の水が全部岩石に取り込まれることはありません。なぜ火星では水がなくなってしまったのでしょう?

そのヒントは、惑星全体の地殻の動きにあります。地球の近くはいくつものプレートに分かれていて、ゆっくり動いています。プレートの一部は、ゆっくりと地球内部に沈み込んでいきます。太平洋プレートが日本列島の地下に沈み込んでいて、これが大地震の原因になるという話は聞いたことがあるかもしれません。こうして沈み込むときに水も取り込んで地下に運びます。一方で地球には火山も多くあり、地下に引き込まれた水が再び地上に戻ってきます。地球の水は地殻に取り込まれても全体としては循環しているため、水がなくなることはないのです。

一方で火星はプレートの運動もなく、火山もありません。このため、一度地殻に取り込まれると再び地表に戻ってくることがないのです。研究チームは、このプロセスによってかつて火星にあった水の30～99％が鉱石に閉じ込められたと考えています。かなり幅のある推定ですが、これは当時の火星の大気の情報が少ないことが原因です。

研究チームは、火星の水が失われ始めたのはおよそ37億～41億年前だと推定しています。そして、30億年前にはほとんどの水が火星表面から失われてしまったと考えています。太陽系の歴史は46億年なので、かなり早い時期に水がなくなったことになります。

地球で生命が生まれたのは、35億〜40億年前と考えられています。生命誕生の場所は明らかになっていませんが、多くの研究者は水が重要な役割を果たしたと考えています。地球では水のおかげで生命が誕生し、火星では水が失われていく。隣り合う2つの惑星で、まったく逆のことが起きていたのですね。

火星では音が奇妙に聞こえるかもしれない

地球上で私たちが会話できるのは、発した声が空気の振動となって相手の耳に伝わるから。水や金属などの振動も音を伝えることができます。昔懐かしい糸電話は、糸の振動で音を伝えています。

音の伝わり方は、音を伝える物質の性質によって変わります。地球の大気では音は秒速約340mで伝わりますが、水では秒速およそ1500m、鉄の場合は秒速およそ6000mにもなります。

では、他の惑星では音はどのように聞こえるのでしょう。例えば火星にも空気はありますが、地球に比べるとずっとずっと希薄です。地球の大気の密度が約1・2kg/m^3であるのに対して、火星の大気の密度は約0・02kg/m^3と、60倍も低いのです。さらに地球とは大気組成も異なるので、音の伝わり方が変わってくるのです。

実際に、火星での音の伝わり方を調べた実験があります。NASAの火星探査車パーシビアランスには、なんとマイクが搭載されています。パーシビアランスの主な目的は火星の岩石や土壌の調査ですが、レーザーで岩石を砕いたときの音を録音するためにマイクも搭載されたのです。NASAはこの音を公開しています。パルス状に連続してレーザーが岩に当たるのに合わせて、パチパチとした音がしていることがわかります。レーザーが岩に当たるタイミングとマイクに音が届くタイミングを比べれば、火星での音速を測ることができます。測定の結果は、秒速２４０ｍでした。地球上の音速の7割くらいということですね。つまり、火星では地球よりゆっくり音が伝わることになります。

ヘリウムガスを吸い込んで話すと高い声になる、ということをご存じの方もいらっしゃるでしょう。これは、ヘリウム気体中の音速が秒速１０００ｍととても速いから。火星での音速は地球より遅いので、ヘリウムとは逆に声を出すと低い音に聞こえる、ということになります。もちろん、火星の大気はとても薄くて人間は宇宙服なしで生きていくことはできませんから、実際に声を出してみることはできないでしょう。

さらに、火星の大気の主成分である二酸化炭素の性質を反映して、人間に聞こえる周波数の音でも速度に違いが出るようです。① 人間に聞こえる音の周波数は20ヘルツから20キロヘルツ程度までですが、火星では２４０ヘルツよりも高い周波数の音は、それより低い音に比べて秒速10ｍ以上速く伝わるとのこと。２４０ヘルツというと、一般的な男性の声よりも低い音です。こんなことが起きるのは、

① 53rd Lunar and Planetary Science Conference, held 7-11 March, 2022 at The Woodlands, Texas. LPI Contribution No. 2678, 2022, id.1357

大気が希薄な環境で、二酸化炭素分子が非常に細かく振動することによるもの。太陽系の天体の中では、金星と火星が二酸化炭素を主成分とする大気を持っていますが、金星の大気は非常に高圧、一方で火星の大気はとても希薄なので、人間の可聴域の中で音速が変わるのは火星だけです。

地球では、例えば遠くで打ち上がるロケットを見ているとき、ロケットエンジン点火の光が見えてしばらく経って「ドーン」という音が聞こえます。例えば将来、火星の有人探査が実現したときには、火星から地球に戻るロケットを打ちあげることになるでしょう。このとき、まずロケットの光が届きますが、その後に届く音は、高音が少し先に、低音のほうが少し遅れて届くということになります。地球上でこうした現象は経験できないので、きっと不思議な感覚におちいるのではないでしょうか。火星発地球行きのロケットが打ち上げられるときには、ぜひ火星側にマイクを置いて音を聞いてみたいものです。

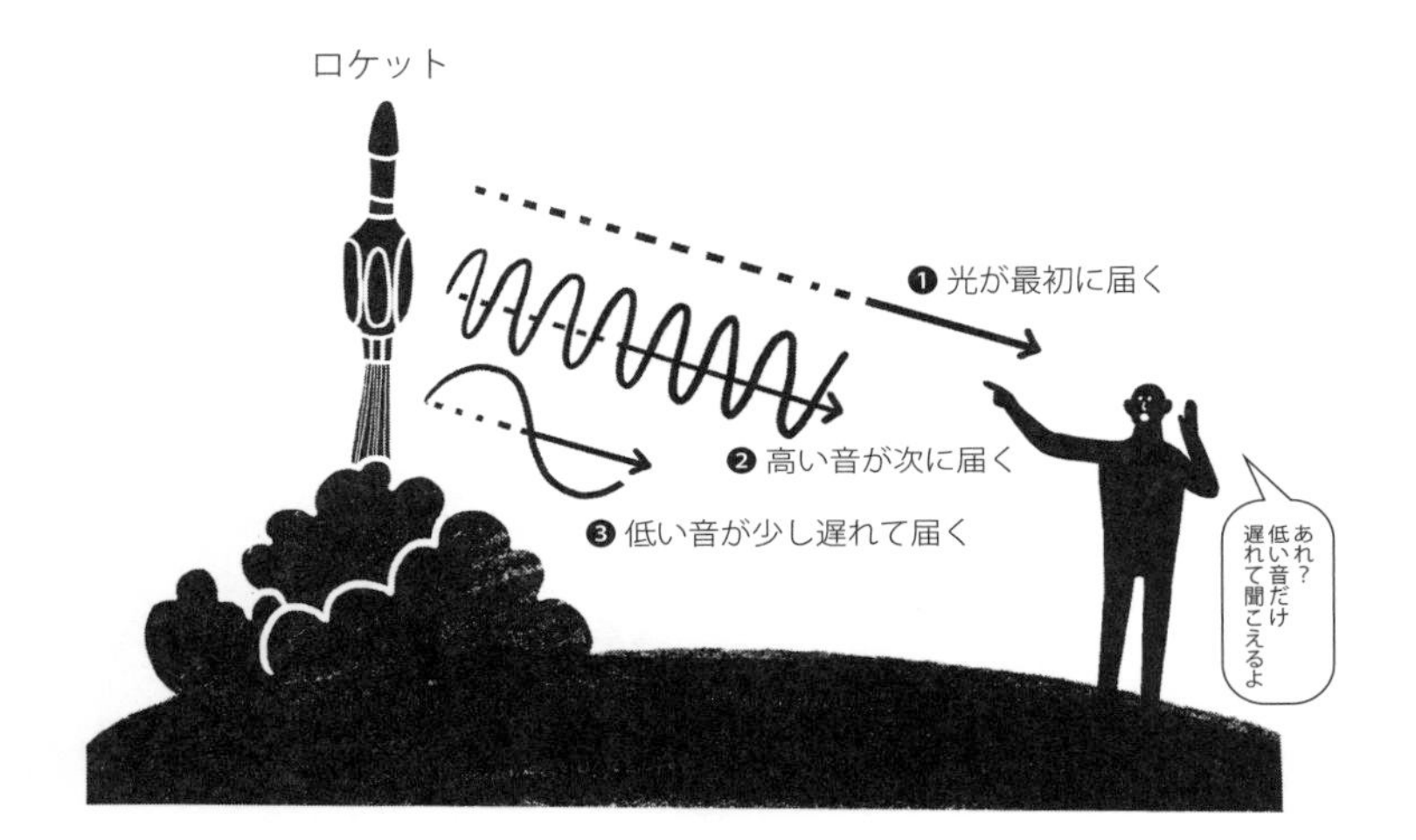
ロケット
❶ 光が最初に届く
❷ 高い音が次に届く
❸ 低い音が少し遅れて届く
あれ？低い音だけ遅れて聞こえるよ

規格外の大きさ・木星

火星より先に木星のまわりで生命が見つかる？

地球以外に、生命を宿す星はあるのでしょうか。人類は昔から異世界を想像してきましたし、今も多くの研究者がその謎に挑んでいます。

太陽系の中では、これまで火星での生命探査が注目されてきました。過去には豊かな水をたたえた海があったことが確実視されていて、生命が存在していた証拠を探す探査も数多く行われています。しかし、火星だけに生命の可能性があるわけではありません。近年注目を浴びているのは、木星や土星を回る氷の衛星たちです。

中でも、木星の衛星エウロパは興味深い天体です。ＮＡＳＡはエウロパ・クリッパーという探査機を準備中ですし、欧州宇宙機関（ＥＳＡ）が打ち上げた木星の氷衛星探査機ＪＵＩＣＥもエウロパを詳しく探査する予定です。ここまでエウロパが注目されている理由は、氷の表面の下に海があると考えられているからです。

木星の軌道の大きさは、地球の軌道の大きさの約5倍。つまり太陽から遠く、その分温度も低くなります。普通なら天体は凍り付いてしまう環境です。ところがエウロパは、木星の巨大な重力（潮汐力）を受けていて、エウロパ全体が伸び縮みしています。地球の海の満ち引きがあるのも月の潮汐力によるものですが、木星の潮汐力はそれよりずっと強いものです。これによってエウロパの内部が温められ、氷が解けて海になっているようなのです。その証拠に、エウロパの表面にはクレーターがほとんどありません。これは、隕石が落下してクレーターができたとしても、内部の海から水がしみ出してきてクレーターを埋め、氷の表面がなめらかに保たれるためだと考えられています。

ただし、地球のようにそこで生命が生まれ、命をつないでいくためには、水だけでは不十分です。例えば、地球上の多くの生き物は呼吸によって酸素を体に取り込んでいます。実は、エウロパには地球の気圧の1兆分の1というたいへん希薄な大気があり、その主成分は酸素なのです。エウロパ表面では弱いながらも太陽光が届くことで氷が蒸発し、水蒸気ができます。この水蒸気を木星から放たれる強力な放射線が分解することで、酸素が生み出されているのです。この酸素が氷の層をくぐり抜けて地下の海まで届くなら、生命存在の可能性は高まります。

テキサス大学のマーク・ヘッセさんたちの研究チームは、エウロパ表面の氷の循環をコンピュータシミュレーションで詳しく調べました。①エウロパには氷の裂け目のような地形(カオス地形)が広がっている場所があります。研究者たちは、エウロパの氷が部分的に解けて塩水となり、大気中の酸素と混ざり合う地域でカオス地形が作られると考えています。コンピュータシミュレーションでは、酸素を取り込んだ塩水がひとかたまりになって氷の中に沈んでいく様子が示されました。エウロパの氷は厚さ20kmほどあると推定されていますが、およそ2万年かけて酸素入りの塩水が氷の中を沈んでいくのです。

① Hesse, M. A., Jordan, J. S., Vance, S. D. et al. Downward Oxidant Transport Through Europa's Ice Shell by Density-Driven Brine Percolation Geophysical Research Letters, Volume 49, Issue 5, article id. e2021GL095416

研究者たちによればこの酸素の輸送はとても効率がよく、地上で取り込まれた酸素の86％が地下の海まで運ばれるとのこと。現在までに地下に運ばれた酸素の総量の推定は簡単ではないようですが、もっとも大きな見積もりでは、エウロパの海に持ち込まれる酸素の量は現在の地球の海の酸素量と同程度になる可能性があるそうです。これは、酸素に支えられた生態系が地下海に存在する、という期待を高めてくれる結果です。

とはいえ、これは推定される最大値の話なので、実際にどれくらいの酸素が運ばれたのかはさらなる研究を待つ必要があります。ＮＡＳＡのエウロパ・クリッパーは２０２４年に打ち上げ予定で、エウロパに近づくのは２０３０年。エウロパをより近くから調べることで、表面に存在する物質の組成や地形が手に取るようにわかるはず。エウロパでの生命存在の可能性を探る、決定的なヒントをもたらしてくれるかもしれません。驚きの報告が届くのを、ゆっくり待つことにしましょう。

木星の赤い斑点の渦はここ10年で加速していた

太陽系最大の惑星、木星。直径は地球の11倍もあります。その木星の象徴とも言えるのが、赤い目玉のように見える「大赤斑」です。木星は白と茶色のストライプ模様をしていますが、そのストライプの境目に大赤斑は位置していて、少なくとも150年以上は観測され続けています。大赤斑は、地球で言えば台風のような空気の渦です。地球の台風がせいぜい1週間くらいで消えてしまうのに比べると、大赤斑の寿命は桁違い。大赤斑は地球がすっぽり収まってしまうほどの大きさがあるので、そのサイズも規格外と言えます。

そんな大赤斑を、人類が誇る宇宙の目、ハッブル宇宙望遠鏡が定期的に観測し続けています。10年以上にわたる継続観測の結果、大赤斑は徐々に小さくなっていることがわかりました。[①] 2009年には東西1万5600km、南北1万1000kmでしたが、2020年には東西1万2400km、南北（タテ）方向の大きさはほとんど変わらず、東西（ヨコ）方向の大きさだけが2割ほど小さくなっていたのです。もともとはわりと横長の楕円形でしたが、次

① Wong, M. H., Marcus, P. S., Simon, A. A. et al. Evolution of the Horizontal Winds in Jupiter's Great Red Spot From One Jovian Year of HST/WFC3 Maps. Geophysical Research Letters 48, e2021GL093982 (2021)

第に円に近づいています。

さらに、大赤斑全体の平均風速は10％程速くなっていることも明らかになりました。２０２０年には、最高風速でおよそ毎秒１６０ｍ、時速５８０㎞という速度に達していました。

こうした変化がなぜ起きたのか、まだ研究者たちは答えにたどり着けていません。大赤斑は横から見ると中心部が膨らんでいて、盛り上がったガスが外側に流れ落ちていくような構造をしています。大赤斑の内部に噴き上がってくるガスに何らかの変化が起きているのかもしれません。

ひとつのヒントになるかもしれないのが、２０１６年から２０１７年にかけてサイズも風速も急に変化していたという事実です。２０１６年12月末、大赤斑のすぐ隣にあるストライプの中で白い雲が突然発生しました。これは、木星大気の下部からガスが沸き上がってきたことの証拠です。South Equatorial Belt

Outbreakと呼ばれるこの現象は、今回だけでなく過去何度も記録されています。それは、木星の大気が安定したものではなく、非常に活発に変化するものであることを示しています。

木星以外に、例えば海王星にも渦が発見されています。ただし、海王星の渦は数年で消えてしまうので、木星の大赤斑とはかなり様子が違います。木星と海王星では、内部で起きていることが違うのでしょう。当然と言えば当然ですが、これも長年観測してみて初めて確かめられたこと。木星にはこれまで何機かの探査機が向かいましたが、10年以上にわたって観測し続けた探査機はありません。ハッブル宇宙望遠鏡は、地球を回りながら彼方の木星を長期にわたって観測し続けています。今回検出された速度の変化は、地球の1年間あたりにすると時速2・5km以下というわずかなもの。ハッブル宇宙望遠鏡でも、1年観測しただけではこれを捉えることはできず、10年以上の蓄積が必要でした。天体写真1枚の美しさもももちろん素晴らしいものですが、今回の発見は、じっくり観測し続けてそのわずかな変化を捉えることの面白さを私たちに教えてくれています。

巨大な環がトレードマーク・土星

土星の環は予想以上に若かった!?

土星と言えば、太陽系天体の中でのトップの人気を誇る惑星です。その理由は、荘厳な環（リング）でしょう。木星・土星・天王星・海王星にはいずれも環がありますが、土星の環はその中でも際立って明るく見やすいものです。環はCDのような1枚の円盤に見えますが、実は氷の塊が無数に集まったものです。大きいものではバスくらいの塊もあるといわれています。この無数の氷が太陽の光を明るく反射するので、地球からもその立派な姿を楽しむことができるのです。

この環は、いつどのようにできたのでしょう。土星ができたころからあるという説もあれば、もっと最近になってできたという説もあります。2023年には、土星の環はおよそ4億年前に作られたとする研究成果が発表されました。

カリフォルニア大学ボールダー校のサッシャ・ケンプさんたちのチームが注目したのは、土星の環を作る氷に降り積もる塵でした。その原理は、私たちの身の回りでも体感することができます。私たちが住んでいる家でも、しばらく掃除をしないとタンスの上などにホコリが溜まります。掃除をしない期間が長ければ長いほどホコリはたくさん溜まっていくので、最後に掃除したのが2週間前なのか、3か月前なのか、それとも1年前なのか、ホコリの量から推測できそうです。これと同じことが、土星の環でも起きているというのです。①

研究者たちが使ったのは、NASAの土星探査機カッシーニのデータです。カッシーニは、2004年から2017年まで土星を周回しながらさまざまな観測を行っていましたが、そのうちのひとつに、土星のまわりの塵（とても小さな砂粒のようなもの）の量の調査がありました。探査機の側面にセンサーが取り付けられているので、ぶつかってくる塵の数を数え、その質量や速度を測ることができたのです。環を作る小さな氷の粒もぶつかってきてしまうため、研究者たちは得られたデータを注意深く選別し、163個の塵の衝突データを確認することに成

① Kempf, S., Altobelli, N., Schmidt, J. et al. Micrometeoroid infall onto Saturn's rings constrains their age to no more than a few hundred million years. Science Advances 9, eadf8537 (2023)

功しました。

センサーの大きさは直径45㎝。ここに13年間で163個の塵がぶつかったことから、土星周辺での塵の密度が推定できます。この塵は土星の環を作る氷の塊にも降り積もっているはずですから、長い時間が経てば氷が塵に覆われてしまいます。すると、土星の環はもっと暗くなるでしょう。そうなっていないということは、土星の環がまだ若い、ということです。実際、観測では土星の環を作る物質の98%が氷で、塵や岩の成分はごくわずかであることがわかっています。研究者たちの見積もりでは、土星の環の年齢はせいぜい4億歳とのこと。

もしこれが正しければ、太陽系ができたのが約46億年前ですから、土星の環ができたのはその歴史の中ではかなり最近、ということになります。地球では、魚が地上進出して両生類が誕生したころに相当します。地球の生物の進化がもっとずっと速くてこのころに人類が望遠鏡で星を見ていたとしたら、土星にはまだ環がなかったことになります。

ただし、今回の研究は環がどうやってできたかについては何も教えてくれません。従来の説では、例えば土星ができたころにそのまわりを回っていた氷の塊が環のもとになったという考えもありました。また、それより少し後、今から約40億年前に小惑星の軌道が不安定になった時代があったと考えられていますが、そのときにたまたま土星の近くにやってきた氷の天体が土星の潮汐力で破壊されてしまって、その名残が今の環になったのだという説もありました。今回の研究成果は、このいずれとも矛盾します。もっとずっと最近に、氷の天体が土星に近づきすぎてバラバラになってしまったのかもしれません。

さらにNASAの研究者によれば、環を作る氷塊は少しずつ土星本体に落下していっているとのこと。このまま1億年もすれば、環がきえてしまうかもしれません。4億年前にできて1億年後に消えてしまうとすれば、私たちは土星の環を楽しめるなんともラッキーなタイミングに居合わせている、ということになりますね。

土星が傾いているのは衛星に引っ張られたせい！

地球は、23・4度傾いて自転しています。傾いた地球儀をご覧になったことのある方もいらっしゃるでしょう。この傾きのおかげで、地球には季節の変化が生まれます。地球がなぜこれだけ傾いているかはまだよくわかっていませんが、地球が産まれて間もないころに別の天体がぶつかってきて、その衝撃で傾いてしまったという説があります。

太陽系の他の惑星の傾きはさまざまです。金星は傾き177度と、ほぼ逆立ち状態。このため、他の惑星とは逆向きに自転しています。天王星の傾きは98度なので、ほとんど横倒し。水星の傾斜角は0・01度とほとんど直立していますが、火星や土星は地球とだいたい同じくらい。それぞれどうしてこういう数値になっているかはやはりわかっていないのですが、最新の研究で、土星の傾きにはその最大の衛星であるタイタンの重力が大きな働きをしている、という説が提唱されました。しかも、その傾きはどんどん大きくなっているというのです。

タイタンは月より1・5倍大きな巨大衛星で、惑星である水星よりも5％ほど大きな天体です。このタイタン、地球よりも濃い大気を持っていて、しかも有機物もたくさん検出されているため、生命の起源を探るのにも適した衛星なのではないかと注目されています。

そんなタイタンは、NASAの土星探査機カッシーニの観測から、毎年11cmというスピードで土星から遠ざかっていることがわかりました。月も地球から徐々に離れていっていますが、そのペースは毎年約4cm。タイタンは3倍近いスピードで遠ざかっていっているのです。つまり、タイタンは昔はもっと土星に近かったということになります。タイタンの現在の軌道の大きさは土星本体のおよそ21倍ですが、土星やタイタンができた46億年ほど前には、タイタンの軌道はその3分の1くらいだったと考えられています。

大きな衛星がこれだけ遠ざかると、土星本体にも影響があります。その影響が土星の傾きに現れているという研究成果を発表したのは、フランス国立科学研究センターのメレーヌ・セイレンフェストさんたちのチーム。① しかも、タイタンが遠ざかれば遠ざかるほど、土星の傾きは大きくなっていくというのです。今後もタイタンは遠ざかり続け、土星はより大きく傾くようになっていくことでしょう。今後数十億年で（つまり太陽が寿命を迎えるまでに）、土星の傾きは今の2倍に達すると見積もられています。また、この関係は土星やタイタンができたころからあるわけではなく、ここ10億年で急激に顕著になってきたとのこと。これには、土星より外側を巡る海王星の重力も関係しています。

実は、木星でも同じように衛星が遠ざかるにつれて木星本体の傾きが大きくなってきている、という研究もあります。木星の傾きは今は3度ほどと小さなものですが、こちらも今後数十億年で30度ほどまで傾くと考えられています。人間にとっては長い長い時間ですが、天体たちはゆっくりゆっくり変化しているのです。それを検知できる現代の観測技術の高さにも驚かされます。

① Saillenfest, M., Lari, G. & Boué, G. The large obliquity of Saturn explained by the fast migration of Titan. Nature Astronomy 5, 345-349 (2021).

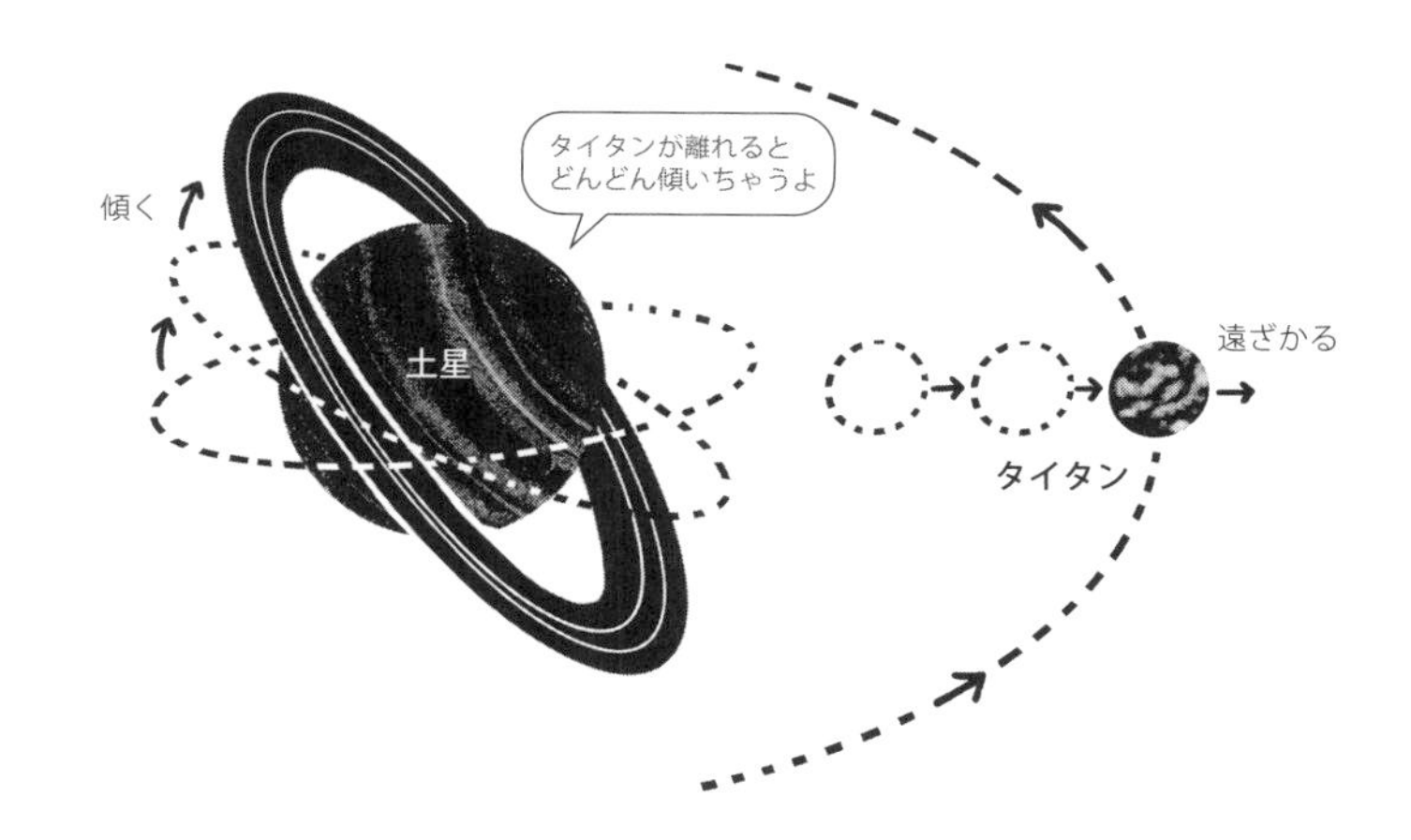
タイタンが離れると
どんどん傾いちゃうよ
傾く
土星
遠ざかる
タイタン

Column②

ハンマー投げや大砲で打ち上げる クレイジーな発射システム

宇宙に行く方法といえば、ロケット。しかしそんな固定観念にとらわれないイノベーターは世界に何人かいるようです。ここでは、ロケットを使わないで宇宙に人工衛星を打ち上げようとする2つのアイディアをご紹介します。

ひとつは、ハンマー投げのように衛星をぐるぐる振り回し、遠心力を使って高速で空高く投げ飛ばすシステム。アメリカの「スピンローンチ」という企業が開発しています。高さ50mにもなる円形加速器をアメリカ・ニューメキシコ州に建設し、すでに何度も打ち上げテストをしているというから驚きです。円形加速器の中にはハンマー投げ選手も真っ青の巨大な腕が設置されていて、打ち上げるペイロードを腕の先端に取り付けます。加速器の中は減圧されているので、空気抵抗は気にしなくても構いません。この腕をぐるぐる振り回すことでペイロードを秒速2kmまで加速、ちょうどいいタイミングでペイロードを分離して、空に放り投げるのです。打ち上げテストでは長さ3mの物体を高度8kmまで到達させています。ただしこれはあくまでもテスト。宇宙に到達させるための本番の加速器はさらに3倍大きなものになり、2026年の初打ち上げを目指しているようです。

別の方法を考えているのは、同じくアメリカの「グリーンローンチ」。衛星を振り回すのではなく、大砲のように打ち出す形式を取ります。長い筒に水素と酸素などを充填し、このガスを爆発させることでペイロードを発射するのです。この方式では最大で秒速11.2kmを記録したことがあるようですが、グリーンローンチでは秒速6kmほどにとどめ、衛星や発射装置へのダメージを軽減する予定だそうです。とはいえ、秒速6kmというのはマッハ17にも達する猛烈な速度です。

スピンローンチにしてもグリーンローンチにしても、これだけで地球周回軌道に物体を打ち上げることはできません。小さなロケットごと打ち上げ、ある程度の高度に達したらこのロケットを噴射して最終的な軌道に衛星を投入する計画です。いずれも普通のロケットより安く打ち上げられるというのを利点にしています。一方、どちらもものすごいスピードで振り回されたり撃ち出されたりするので、衛星にかかるGはとても大きくなります。グリーンローンチでは最大3万Gとのこと。1kgの物体に30tの重みがかかるのと同じですので、衛星の開発は難しいはず。もしかしたら、従来の衛星とはまるで違う物体を打ち上げることになるのかもしれません。

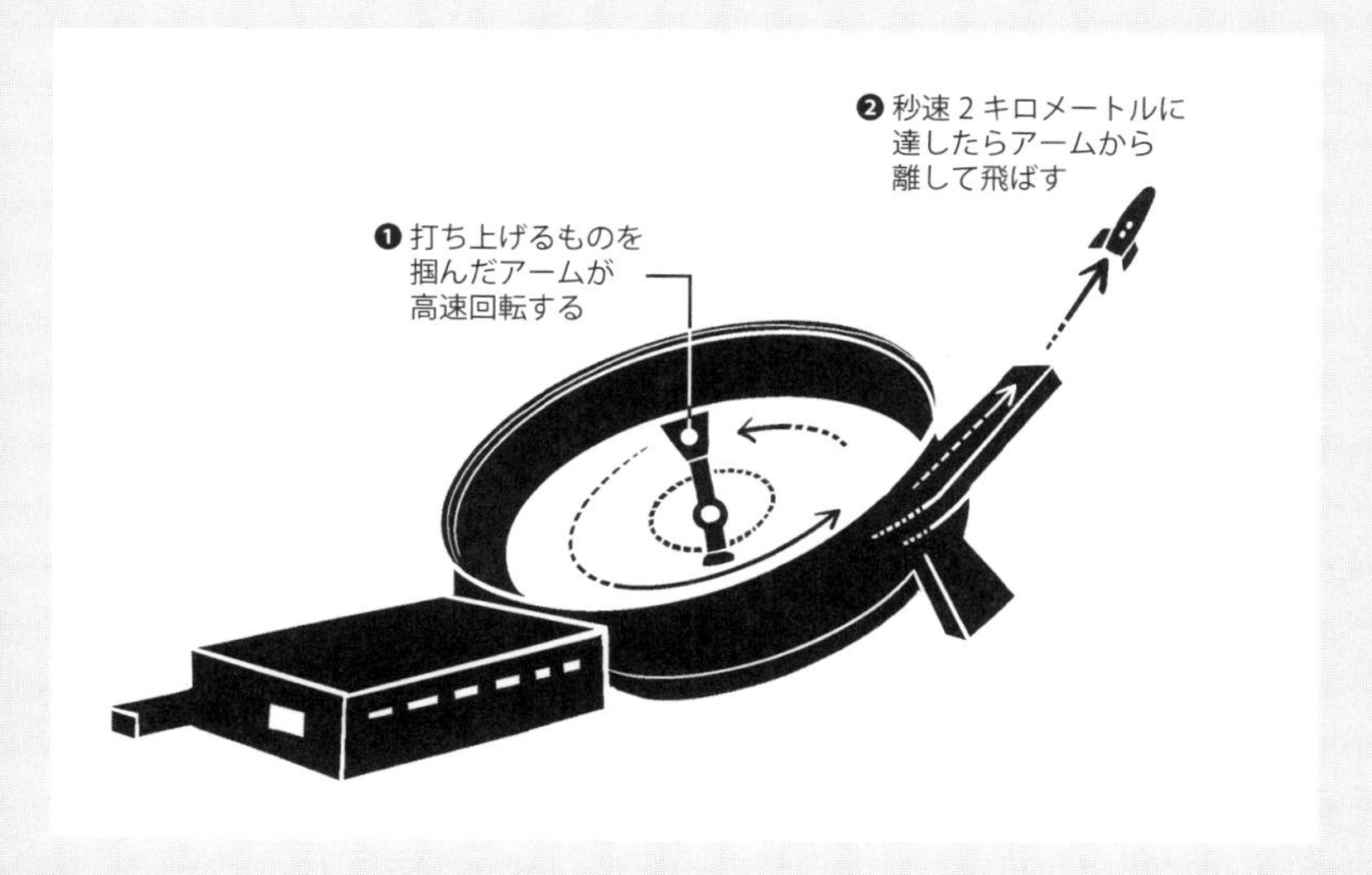

4章

まるでSF！ 未知の天体たち

驚きの新天体

最新技術で見えるようになった未知の天体たち

宇宙には、私たちの想像を超えて不思議な姿を見せる天体たちがあります。望遠鏡やカメラなど観測装置が進化することで、天文学者ですら驚くような天体がたくさん見つかってきています。天体観測は、私たちの目に見える光（可視光）だけでなく、ガンマ線やX線、紫外線、赤外線、電波などすべての電磁波で行われています。さらに、ニュートリノや重力波など、電磁波以外の観測も20世紀の終わりごろから急激に発展してきました。新しい手段で観測ができるようになると、必ず大発見がもたらされるといっても過言ではないでしょう。

この章では、宇宙のさまざまな場所にある天体を紹介していきます。それぞれの天体がある場所は各項目の中で簡単に触れていきますが、「この天体はどこにあるの？」と迷子になったら第1章で説明した宇宙の構造を読み返してみてください。

砂時計の中心にある核融合もまだ始まっていない原始星

夜空にあるすべての星には、誕生と死があります。私たちを日々照らしてくれる太陽も同じ。太陽はおよそ46億年前に生まれたと考えられています。そして、夜空の中には今まさに生まれつつある星も隠れています。

星は、宇宙に浮かぶガスをもとに生まれます。宇宙は真空なんじゃないの、と思われる方もいらっしゃるかもしれませんが、ごくごく希薄ながら、宇宙にはガスが漂っています。ざっと計算すると地球大気の100億分の1のさらに100億分の1の密度しかありませんので、このガスで呼吸しようなんて到底無理な話ですが……。

こうしたガスが自らの重力で集まってボール状になることで、星が生まれます。生まれたばかりの赤ちゃん星を原始星と呼びますが、これは厳密には星とは呼べません。というのも、大人の星が輝くエネルギーを生み出す核融合反応をまだ起こしていないからです。

そんな生まれたばかりの原始星を、最新鋭のジェイムズ・ウェッブ宇宙望遠鏡（JWST）が撮影しました。写し出されているのは、おうし座にある原始星L1527の周囲の様子です。真ん中がくびれた砂時計のように見えますが、このくびれの中心に原始星が位置しています。しかし、原始星そのものは写っていません。原始星を取り巻く濃いガスや塵の雲に隠されてしまっているのです。このガスや塵は、原始星の重力に引かれ、やがて落下していくことでしょう。つまり、この原始星は今も成長中なのです。そして、この落下してくるガスこそ、原始星のエネルギー源です。地球でも、高いところから水を流すことによる水力発電でエネルギーを取り出していますが、原始星の場合、高いところからガスが落ちてくることでエネルギーが原始星に運ばれ、原始星が熱くなって光っているのです。

宇宙にはたくさんの原始星が見つかっていて、多くはL1527のような砂時計型のガスに埋もれています。砂時計型は何を意味しているのでしょう？　実は、これは原始星の「産声」ともいうべきものなのです。

原始星はまわりのガスや塵を飲み込んで大きくなっていきますが、まわりのものすべてを取り込むわけではなく、その一部（一説には半分くらい）を吐き出しています。吐き出すメカニズムはまだはっきりわかっていませんが、遅いものでは秒速数km、速いものでは秒速100kmを超えるものもあります。原始星はもともとガスや塵に覆われていますが、原始星の北極と南極あたりからガスが噴き出すので、原始星の上下方向のガスが一緒に吹き飛ばされてしまいます。すると、原始星からの光が届くようになり、明るく見えます。つまり、砂時計型は赤ちゃん星が噴き出したガスのあとなのです。この砂時計型を詳しく調べることで、原始星がどのように周囲のガスや塵を取り込んで大きくなっていくのかがわかります。人間の産声が赤ちゃんが元気に生まれた証拠であるのと同じように、原始星の産声もまた、星の誕生を私たちに知らせ、成長への期待を呼び起こしてくれるのです。

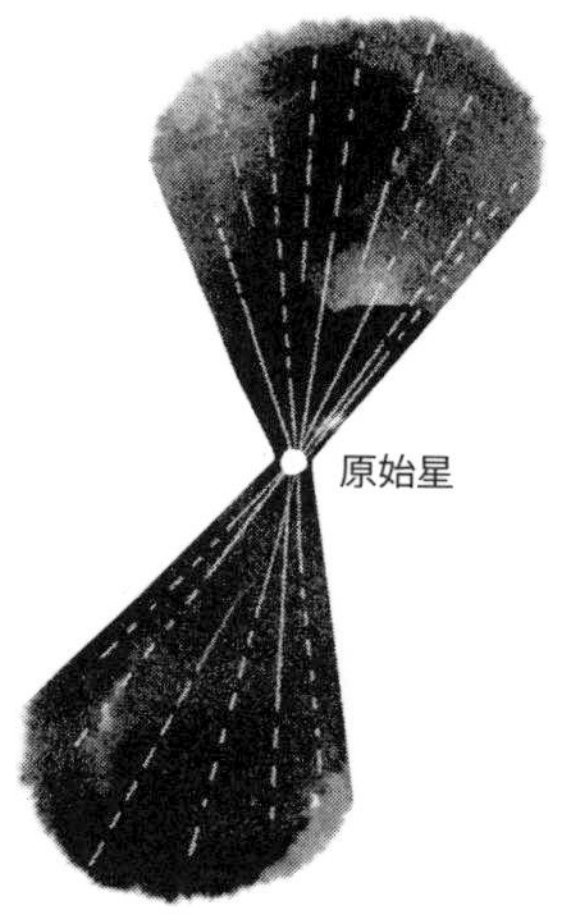

画像参照：NASA, ESA, CSA, STScI

変わった形の星

探査史上一番遠くにある太陽系天体はジャガイモの形？

人類は、これまで水星から海王星までのすべての惑星、月やいくつかの小惑星、彗星に探査機を送り込み、探査をしてきました。その中でもっとも遠くにあるのが、太陽系外縁天体のアロコスです。ＮＡＳＡの探査機ニューホライズンズが、冥王星のすぐ近くを通り過ぎながら驚きの画像たちを送ってきたのが２０１５年のこと。ニューホライズンズはその後も高速で飛び続け、冥王星より遠い位置にあるアロコス（当時の愛称はウルティマ・トゥーレ）に接近。地球から65億kmという距離でした。そしてニューホライズンズは、通り過ぎざまにアロコスの写真を撮って地球に送ってきました。

その写真に研究者も天文ファンも驚きました。全体の長さは約35kmと小さな天体でしたが、大きさの違うジャガイモが２つつながったような不思議な形をして

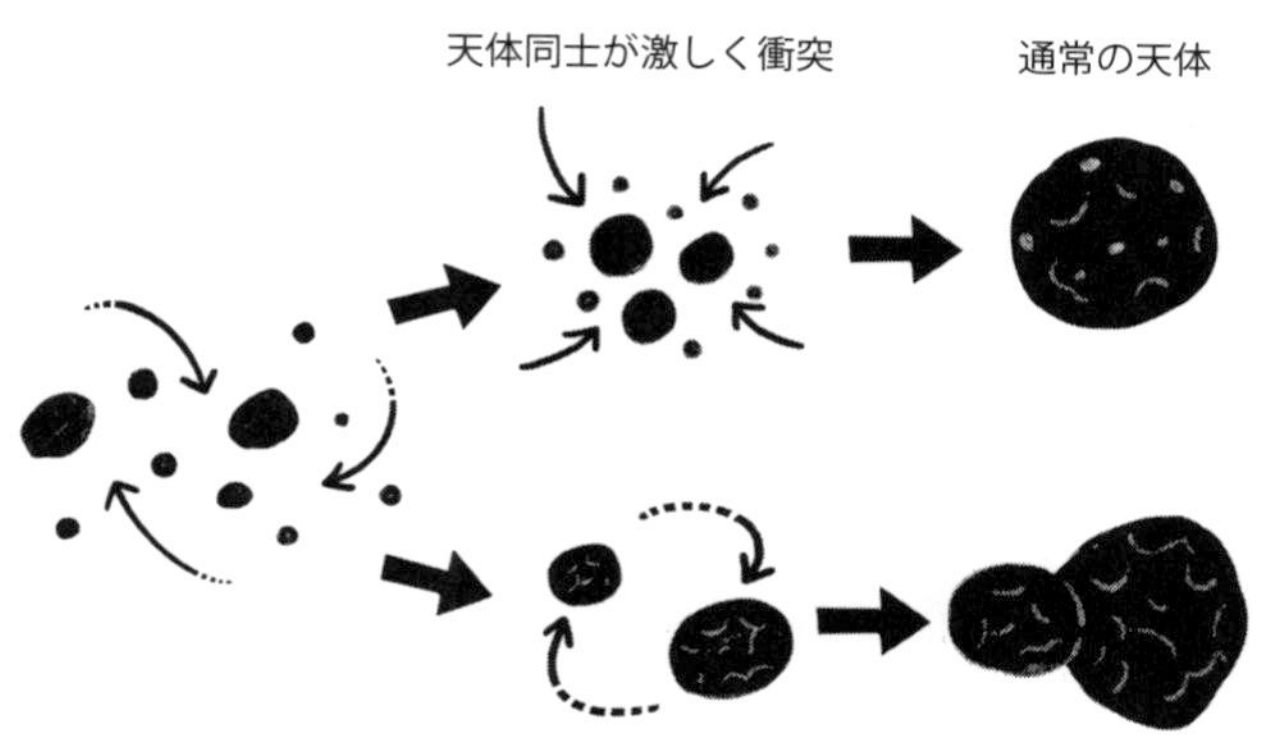

いたのです。これまで誰も行ったことのない天体を初めて探査機が訪れて写真を撮影すると、想像を超える不思議な風景が写っている、というのはよくあることですが、それにしてもアロコスの姿はかなり予想外でした。①

アロコスの写真からわかったことはいくつもあります。まずその形。太陽系の天体は、小さな塵や氷が合体して大きくなってきたと考えられています。アロコスを作る2つの天体も、そうやってできたはず。ところが、最終的にこれらがくっつくときには、激しく衝突してお互いの形が崩れてひとつになるのではな

① McKinnon, W. B., Richardson, D. C., Marohnic, J. C. et al. The solar nebula origin of (486958) Arrokoth, a primordial contact binary in the Kuiper Belt. Science, 367, 6620 (2020)

く、やさしく触れあうように合体した結果、今の形になったのでしょう。

さらに、写真から色を詳しく調べることもできます。カラー写真では少し赤茶けたような色をしていますが、これは有機分子（炭素の化合物）が含まれているためだと考えられます。さらに、アロコスの2つの天体の色はほとんど違いません。アロコスを作る2つの天体が緩やかに合体したらしいこと、組成が似ていることを考え合わせると、この2つの天体は、太陽系全体を作るもとになったガスの集合体（原始太陽系星雲）の中でほぼ同じ場所で同時にできたのでしょう。コンピュータシミュレーションでは、ガスがある程度の大きさまで収縮してきて、でもガスの回転が速かったために遠心力が大きくてそれ以上小さくなることができず、最終的に互いを回り合う2つのかたまりになった可能性が指摘されていきます。そして周囲のガスとの摩擦によって回転の勢いを徐々に失っていって、最終的にゆっくりと合体して現在のアロコスになった、というのです。

また、アロコス表面に目立ったクレーターがほとんどないことも特徴的です。

太陽系のかなり外側なのでそもそも天体の密度が低く、隕石が降ってくることもあまりなかったということでしょう。そう考えると、2つの天体が出会ってアロコスを「結成」したというのはかなり運がよかったと言えそうです。

海王星よりも遠い場所には多くの氷天体が存在していますが、中でも軌道があまり傾いていないものたちを総称して「エッジワース・カイパーベルト天体」と呼びます。アロコスは、この仲間です。このあたりにある天体は、太陽系ができたころから他の天体との激しい衝突も経験せず、太陽から遠いので氷が解けることもなく、昔の姿をそのままとどめていると考えられます。つまり、46億年前から開封されていないタイムカプセルです。今回、探査機ニューホライズンズが通り過ぎざまに写真を撮っただけでしたが、それでもこのタイムカプセルの隙間から太陽系の成り立ちを解き明かすヒントをいくつも見ることができました。研究者は太陽系の果てにあるタイムカプセルをもっと調べたいと思っていますが、ニューホライズンズの打ち上げからアロコス接近までは実に13年もかかっています。それほど太陽系は大きく、人類の作る現在のロケットをもってしても簡単にたどり着ける場所ではありません。それでもまたいつか、探査機がより高性能の観測装置を携えて太陽系の果てを訪れることでしょう。こうして太陽系の誕生と進化の謎が、少しずつ明らかになっていくのです。

円盤型の恒星間天体・オウムアムア

「謎の天体が猛スピードで太陽に近づいてきていた。人類が気づいたときには、その天体はすでに向きを変えて飛び去りつつあるところだった」——まるでSFの一場面のようですが、２０１７年に実際に起きたことです。その謎の天体は、ハワイのパンスターズ望遠鏡によって２０１７年10月19日に発見されました。天体の名は「オウムアムア（'Oumuamua）」。ハワイ語でＯｕは「遠方から」、ｍｕａは「最初の」（繰り返しは強調）を意味します。発見されたときにはすでに地球を通り過ぎていましたが、軌道を逆算してみると、オウムアムアは２０１７年9月9日に太陽に最接近し、10月14日には地球から約２４００万km（月までの距離の60倍余り）の場所を通過していました。この天体は太陽の重力を振りきるのに十分な速度を持っているため、太陽のまわりを巡る太陽系の天体ではなく、太陽系外から飛び込んできたのだと考えられています。そんな天体（恒星間天体）を人類が見つけたのは、これが初めてのことでした。

発見されたときにはすでに地球から遠ざかりつつある段階でしたので、その詳細を天文学者が望遠鏡で調べることはできませんでした。それでも、明るさの変化を記録することで、7・3時間の周期で自転していること、半径約45ｍ、厚さ約7・5ｍとパンケーキのような薄い円盤状の形をしていることが明らかになりました。当初の観測結果では細長い葉巻状の形をしているのではないかとも考えられ、宇宙人が乗ってきた巨大宇宙船なのではないか、という珍説も飛び出しました。もしそうだったらとても興味深いですし、実際に電波望遠鏡を使った観測で人工的な特徴を持つ電波信号の探査も行われましたが、残念ながら信号は検出されませんでした。科学に基づいた理性的な考え方を採用するならば、自然の天体である可能性を強く否定する観測結果がもたらされるまでは宇宙船説に飛びつく必要はないでしょう。

とはいえ、オウムアムアはこれまで人類が調べてきた太陽系内の天体とは様子が異なります。まず、薄い円盤状という形が太陽系の小惑星や彗星とは似ていません。また、太陽の近くを通り過ぎたときに、単に太陽の重力に引かれただけではない加速が見られました。これも宇宙船説の根拠のひとつですが、オウムアムアに氷が含まれていて、太陽にあぶられて氷が昇華し、ロケット噴射のように噴き出したと考えればこの加速も説明がつきます。

アリゾナ州立大学のスティーブン・デッシュさんとアラン・ジャクソンさ

んは、オウムアムアが主に窒素の氷でできていれば、観測結果とオウムアムアの起源を自然に説明できる、という説を発表しました。①窒素の氷は私たちの身のまわりではなじみがない存在ですが、冥王星や、海王星の衛星トリトンには窒素の氷が存在することがわかっています。太陽近くでのオウムアムアの謎の加速も、太陽系天体に一般的に含まれる水の氷が昇華したとするとうまく説明できませんが、窒素の氷が昇華するスピードを考えれば観測と合致するのです。

窒素の氷でできたオウムアムアは、どのようにして太陽系にやってきたのでしょう。デッシュさんたちは、太陽系外のどこかの恒星を回っていた冥王星のような天体に別の小天体が衝突し、その衝撃で天体の表面がある程度の大きさを保ったまま吹き飛ばされたのではないかと考えています。計算によれば、この衝突はおよそ5億年前に発生したとのこと。飛び出した窒素の氷の破片は、星間空間を飛び交う高エネルギー宇宙線によって表面が徐々に昇華していき、やがて円盤型になったと考えられます。太陽系に入り込んできたのは1995年ごろと推測され、2040年ごろには太陽系を抜けて再び星間空間に戻っていくでしょう。

① Jackson, A. P., & Desch, S. J. (2021). 1I/ ‘Oumuamua as an N2 ice fragment of an exo-Pluto surface: I. Size and Compositional Constraints. Journal of Geophysical Research: Planets, 126, e2020JE006706.
Desch, S. J., & Jackson, A. P. (2021). 1I/ ‘Oumuamua as an N2 ice fragment of an exo-Pluto surface II: Generation of N2 ice fragments and the origin of ‘Oumuamua. Journal of Geophysical Research: Planets, 126, e2020JE006807.

オウムアムアは、私たちが初めて目撃した太陽系外天体でしたが、実はオウムアムア発見の2年後にはボリソフ彗星という別の恒星間天体も発見されました。天文学者たちがこれまで思っていた以上に、太陽系外から天体たちが飛び込んできているのかもしれません。隣の星まで探査機を飛ばそうとしても何万年もかかることを考えると、あちらからやってきてくれるのは科学者にとっては「飛んで火に入る夏の虫」。今後もやってくるであろう恒星間天体をしっかり観測すれば、よその星を回る惑星（太陽系外惑星）の性質をこれまでになく詳しく知ることができるようになるでしょう。

ラグビーボールのように変形した太陽系外惑星

地球は丸い。現代人にとっては常識ですね。精密に調べてみると自転による遠心力で赤道部分が少し膨らんでいますが、人工衛星から撮影した写真ではそのふくらみがわからないほど球に近い形をしています。ところが、宇宙にはちょっと変わった形をした惑星もあるようなのです。

２０２２年、欧州宇宙機関（ＥＳＡ）の太陽系外惑星観測衛星ケオプスは、とある太陽系外惑星がラグビーボールのように引き伸ばされた形をしていることを発見しました。①　地球から見るとヘルクレス座の方向、約１８００光年離れたところにある星WASP-103を回る惑星WASP-103bです。中心星のWASP-103は太陽の１・７倍の大きさで、より光が強く、温度も高い星です。

WASP-103bは、この中心星のまわりをわずか22時間余りで1周しています。太陽系の惑星で一番太陽に近い水星ですら太陽を1周するのに88日かかることを考えると、WASP-103bがいかに高速で中心の星のまわりを回っているかがわかります。それはつまり、星のすぐ近くを回っているということでもあります。その距離、約３００万km。太陽と地球の間の距離のわずか２％しかありません。

太陽より大きな星のすぐ近くを回るということは、星の強大な重力の影響を大きく受けることになります。例えば地球も、月の重力の影響を受けています。海の潮が満ちたり引いたりするのは、月の潮汐力のせい。海の水は動きやすいのでその影響がよくわかりますが、精密に測ってみれば地球そのものもわずかに伸び

① Barros, S. C. C., Akinsanmi, B., Boue, G. et al. Detection of the tidal deformation of WASP-103b at 3 σ with CHEOPS., Astronomy & Astrophysics, 657, 52 (2022)

縮みしているのです。直径が地球の4分の1しかない月でも地球を変形させるのですから、太陽より大きな星 WASP-103 がすぐ近くを回る惑星 WASP-103b を引き伸ばしても何の不思議もありません。

しかし、写真でこの惑星がぐにゃりと伸びている様子が撮影されたわけではありません。観測衛星ケオプスが観測しているのは、いわば惑星の影です。よその惑星系を真横から見ている場合、惑星が中心星の前を通り過ぎるときに中心星の光を一部遮ります。この星の明るさをじっと観測し続けていれば、少しだけ星が暗く見えるタイミングがあるわけです。惑星が星の前を通り過ぎることを「トランジット」といい、明るさの変化をもとに太陽系外惑星を調べる方法を「トランジット法」と呼びます。惑星が星の前にちょうど差し掛かるときの微妙な光の変化を精密に調べることで、惑星がまん丸なのかゆがんでいるのかがわかるのです。

さらに、この惑星の軌道は徐々に大きくなっていることもわかりました。つまり、星から離れつつあるのです。一般的に、星のすぐ近くを回る巨大惑星は軌道が次第に小さくなっていって最終的に星に飲み込まれてしまうことが多いと考えられていますが、WASP-103bは逆なのです。その原因についてははっきりわかっておらず、さらなる観測が必要だと研究者たちはコメントしています。これまで5500個を超える太陽系外惑星が見つかっていますが、太陽系には存在しない惑星が時々見つかって、研究者たちを困惑させています。「惑星」という名前の起源は、夜空の中で星座を作る星と違う動きをする（惑う）からだと言われていますが、今の時代の天文学者は太陽系外惑星に大いに惑わされているのです。

ドーナツ型天体「リング・オブ・ファイア」とは!?

皆さんは「銀河」と聞くとどんな姿を思い浮かべるでしょうか。渦巻きの形をした渦巻銀河を想像する方が多いかもしれません。天文学に少し詳しい方なら、星が巨大なボール状に集まった楕円銀河の存在を知っている方もいらっしゃるでしょう。実はこのほかにも、さまざまな形をした銀河があることが明らかになっています。銀河の形が変わってしまう理由としてもっとも一般的なのは、別の銀河との衝突です。

銀河の衝突といってもいろいろな場合が考えられます。大きな銀河の中心に小

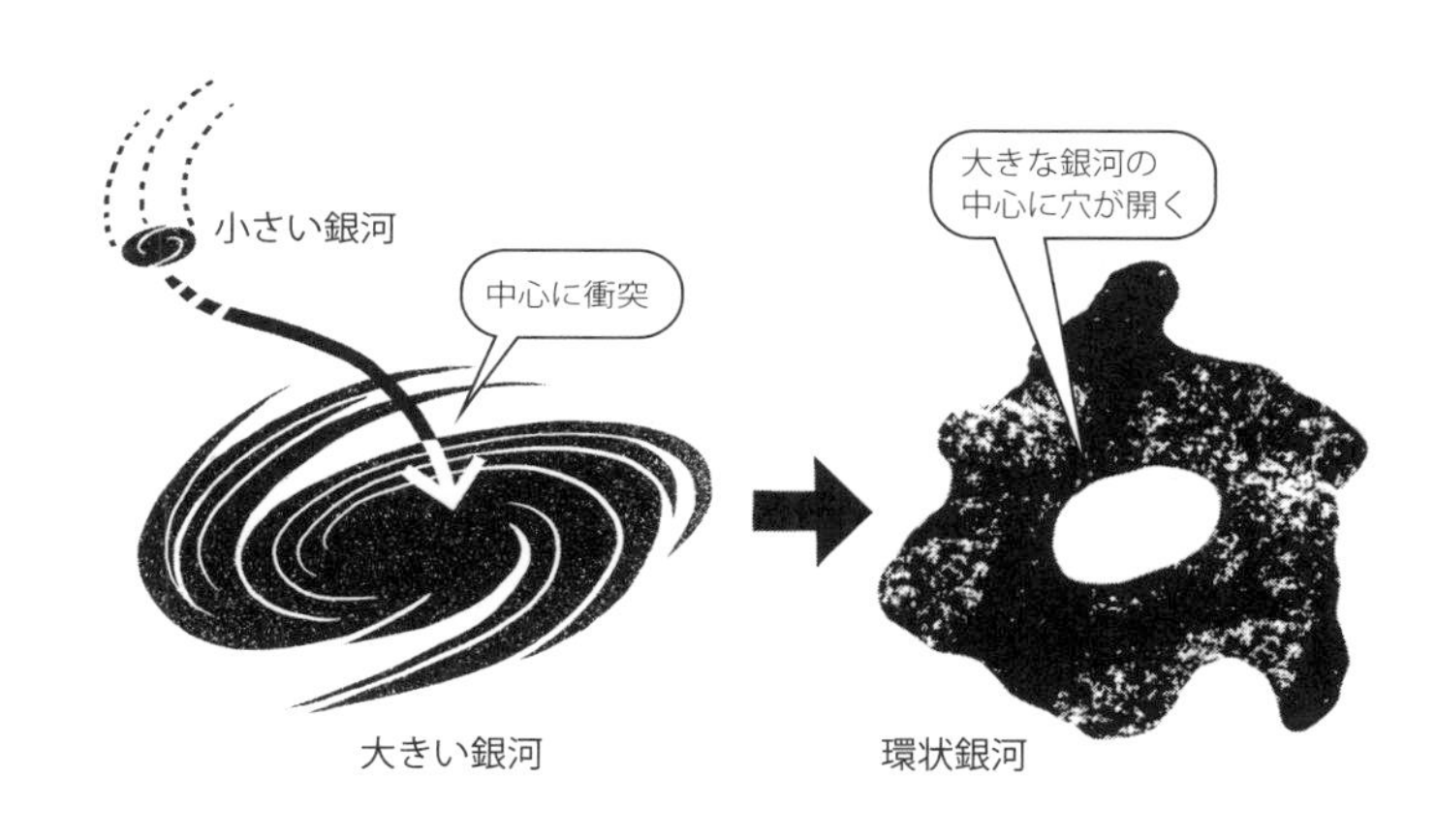

さな銀河が突入すると、大きな銀河の真ん中に穴があいてリング状になることがあります。このような銀河を「環状銀河」と呼びます。環状銀河はすでにいくつも発見されていますが、2020年に発表された環状銀河は多くの研究者を驚かせました。というのも、108億光年というはるか彼方の宇宙で見つかったからです。

この環状銀河は、ハッブル宇宙望遠鏡による観測で発見されました。R5519というのが論文内で与えられた名前ですが、その姿から「リング・オブ・ファイア」という愛称も持っています。これほど遠くの宇宙で環状銀河が発見されたのはこれが初めてのこと。①

遠くの宇宙とはすなわち、昔の宇宙です。遠くの銀河から光が届くのには時間がかかるため、今私たちが見ている光ははるか昔に銀河を飛び出してきたものだからです。つまり、私たちはR５５１９の１０８億年前の姿を見ているということ。宇宙がビッグバンで誕生したのは１３８億年前ですから、宇宙誕生から30億年しか経過していないタイミングでの銀河の姿を見ることができているわけです。望遠鏡は、まるでタイムマシンです。

研究者が驚いたのは、こんなに早い時期に環状銀河が作られていることでした。また、R５５１９は天の川銀河と同じくらいの質量を持っていることもわかりました。さらにコンピュータシミュレーションによれば、環状銀河を作るには大きいほうの銀河が薄い円盤型をしている必要があります。質量も形も天の川銀河と似た「一人前の銀河」が30億年以内にできて、そこに別の銀河がぶつかってこなくてはいけないのです。

銀河は、最初は小さな星やガスのかたまりとして生まれ、それが次々と衝突・

① Yuan, T., Elagali, A., Labbé, I. et al. A giant galaxy in the young Universe with a massive ring. Nature Astronomy 4, 957-964 (2020).

合体して大きくなってきたと考えられています。宇宙がまだ若かったころにはこうした衝突が頻繁に起きていたため、銀河は大きく乱れた形をしていたのだろうと研究者は考えていました。しかしR５５１９が教えてくれるのは、実は銀河はこれまで考えられていたよりもずっと素早く成長して早い時期に薄い円盤型に整えられていたという可能性です。これは、私たちが住む天の川銀河がいつどのようにして形作られたのか、という疑問にもヒントを与えてくれるかもしれません。これははるか彼方の銀河を調べることで私たち自身のルーツも探ることができる。これは、天文学の魅力のひとつです。

大きさ・重さ……規格外の星

宇宙でもっとも冷たい天体・ブーメラン星雲

地球は生命が生きていくのに快適な気温です。では、宇宙は寒いでしょうか、暑いでしょうか。例えば月の昼（太陽光が当たっているところ）は110℃、夜（太陽光が当たっていないところ）はマイナス170℃と、とても極端です。つまり熱源があるところではとても暑く、ないところではとても寒いということになります。

では、宇宙で一番寒いところは？　これまでに研究者が調べた中では、地球から5000光年離れた場所にある「ブーメラン星雲」が宇宙イチ寒い場所とされています。その温度、なんとマイナス272℃。この世のすべてのものが凍り付く理論的に考えられる最低の温度（絶対零度）はマイナス273℃ですから、それよりわずかに1℃高いだけ。ブーメラン星雲とは、いったいどんな天体なのでしょうか。

ブーメラン星雲は、過去の解像度の低い観測でブーメランのように見えたことからこの名がありますが、最近の高解像度観測ではむしろ砂時計型、あるいはチョウが羽を広げたような姿に写ります。その中心にあるのは、一生を終えつつある星です。この章の冒頭で、「赤ちゃん星（原始星）は砂時計型の星雲にある」と説明しましたが、不思議なことに死を目前にした星も砂時計型の星雲を作ります。星は最期の時が近づくと徐々に膨らんでいき、星を作っていた外層のガスが宇宙空間に流れ出します。こうして、赤ちゃん星の場合と同じく砂時計型の星雲が作られるのです。

この噴き出すガスこそ、ブーメラン星雲がキンキンに冷えている理由であることが最近わかってきました。[1] 日本も参加する国際協力の巨大望遠鏡「アルマ望遠鏡」がこのブーメラン星雲の中心部を観測したところ、ガスが猛烈な速度で流れ出していることが明らかになりました。その速度は、秒速150kmにもなります。年老いた星はガスを噴き出すものですが、これほどの勢いのものはあまりありません。研究者たちによれば、ひとつの星だけではこれほど高速のガスの広がりは実現できないとのこと。

① Sahai, R., Vlemmings, W. H. T., and Nyman L-A. The Coldest Place in the Universe: Probing the Ultra-cold Outflow and Dusty Disk in the Boomerang Nebula. The Astrophysical Journal 841, 110 (2017)

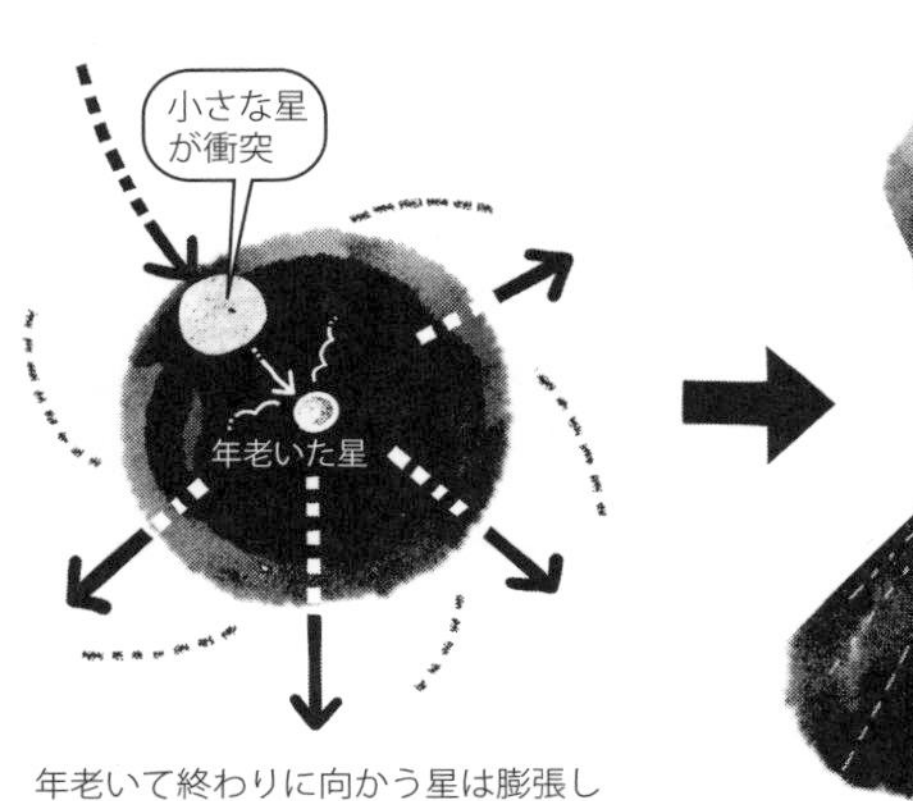

年老いて終わりに向かう星は膨張し
周囲の小さな星を飲み込んでしまう

研究者たちが考えるブーメラン星雲の成り立ちは、以下のようなものです。まず、大きな星と小さな星のペアがありました。大きいほうの星が一生の最後に近づき、さらに大きく膨らみます。すると隣にいた小さな星は、大きな星に飲み込まれてしまいました。小さな星が飛び込んだ衝撃で大きな星からは一気にガスが放出されました。これが超低温な星雲を作るもとになったというのです。

皆さんは、スプレー缶を使ったことがあるでしょうか。ヘアスプレーでも殺虫剤でも、スプレーをしばらく噴き出した後の缶はとても冷たくなっているはずです。ガスが急激に膨張すると、温度が下がるのです。ブーメラン星雲では2つの星の衝突という大事件によってガスが噴き出し、極低温が達成されたのです。ガスの広がりと速度から見積もると、この大事件が起きたのは3500年以上も昔のこと。エジプトで大ピラミッドが作られていたのが4500年ほど前のことです。もしかしたら、ファラオがエジプトを統治していたころに、人知れず宇宙の片隅でブーメラン星雲が作られ始めたのかもしれませんね。

月サイズなのに質量は太陽の1.35倍！　超重量級の白色矮星

太陽は、宇宙の中では比較的小さくて軽い星です。こうした軽い星は、一生の最後に大きく膨らみ、外層を作っていたガスは宇宙にどんどん流れ出ていきます。その後には、もともとの星の中心部分が残されます。小さくて高温の星の芯を、白色矮星と呼びます。

この白色矮星、小さな割にとても重い天体として知られています。それも、角砂糖1個分の大きさで1tという信じられない重さです。もともと星の中心部にあったため、その星の重力によって物質がとてつもなく圧縮され、超高密度の天体になっているのです。ちなみに、もともとの星がずっと重く、太陽の8倍から10倍を超える質量だった場合、白色矮星ではなく中性子星というさらに高密度の天体になります。さらに、もとの星が太陽の30倍を超えるような質量だった場合、超高密度でカチカチの中性子星すら自分の重力でつぶれてしまいます。そこに残されるのが、ブラックホールです。

２０２１年6月、これまでもっとも小さく、もっとも重い白色矮星が発見されたことが発表されました。① その白色矮星の名は、ZTF J1901+1458。アメリカ、カリフォルニア工科大学が運用する望遠鏡群 Zwicky Transient Facility で発見されたので、その頭文字が名前に含まれています。この白色矮星のサイズはおよそ４３００㎞と、月（直径３４７０㎞）よりひとまわり大きな天体ですが、その質量はなんと太陽の１・３５倍もあります。実際の太陽の直径は月の直径の４００倍もありますから、これをギュギュッと月より少し大きな球体に押し込んだと思うと、ものすごい密度です。

実は、白色矮星には重さに上限があると考えられています。その上限値を、「チャ

① Caiazzo, I., Burdge, K.B., Fuller, J. et al. A highly magnetized and rapidly rotating white dwarf as small as the Moon. Nature 595, 39–42 (2021)

ンドラセカール限界質量」と呼びます。もし白色矮星が何らかの原因で太ってこの上限値を超えてしまったら？　破滅が待っています。白色矮星は、重くなりすぎると爆発してしまうのです。実際、２つの白色矮星が合体したり、あるいは隣にいた星からガスを奪ったりして太っていった白色矮星が爆発したのだろうと思われる現象、Ｉａ（イチエー）型超新星爆発が観測されています。

チャンドラセカール限界質量は、理論的には太陽の１・４倍程度と考えられています。つまり、太陽の１・３５倍の質量を持つ ZTF J1901+1458 は、限界をギリギリ下回っているわけです。ここまでギリギリの質量の白色矮星が見つかったのは、これが初めてのことでした。

研究者たちは、ZTF J1901+1458 はより軽い２つの白色矮星が合体してできたのだろうと考えています。というのも、ZTF J1901+1458 がたった7分という非常に短い周期で自転していること、その磁場が太陽の10億倍と極めて強いこと、という2つの観測的な特徴が、白色矮星の合体についての理論的な予測とよく一致しているからです。月より大きな天体が7分で自転するというのは、猛烈な自転と言えるでしょう。2つの白色矮星がお互いのまわりを回転していたその勢いが、合体の結果として生まれたZTF J1901+1458の自転に反映されているというわけです。

白色矮星のような超高密度の状態は、残念ながら人類が実験室で作ることはできません。こんな極限状態で物質はどうなってしまうのか。白色矮星は、これを知るための天然の実験室とも言えるのです。このため、宇宙の研究者だけでなく、物質のふるまいを調べようとしている研究者も、白色矮星の研究にはとても注目しているのです。一生を終えた星が残した天体も、私たちにたくさんのことを教えてくれています。

地球よりはるかに深い海を持つ惑星

夜空の星のまわりを回る惑星を、太陽系外惑星と呼びます。1995年に第1号が発見されて以来現在までの発見数は5500個を超え、太陽系外惑星探しと見つかった惑星たちの研究は天文学の一大分野となりました。発見された惑星の中には、木星のような巨大ガス惑星もあれば、地球のような岩石（でできていると思われる）惑星もあります。また、太陽系には存在しないタイプの惑星もたくさん発見されていて、惑星の多様性が次第に明らかになってきました。

中でも、地球型の岩石惑星で、かつ海を持つ惑星探しは熱を帯びています。それはもちろん、生命の存在に直接つながるかもしれないからです。よその惑星系に生きる生命体が地球の生命に似ているという保証はありませんが、研究の第一歩としては地球に似た生命体探しから始めるのも戦略のひとつ。このため、空気と水が豊富にある惑星をまず見つけたいのです。

カナダ・モントリオール大学の大学院生シャルル・キャドゥーさんたちは、りゅう座の方向に地球から約100光年離れたところにある星のまわりに、惑星を見つけました。①　その名はTOI-1452b。直径は地球の1・6倍、質量は地球の4・8倍と、地球より大きな「スーパーアース」と呼ばれる種類の惑星です。観測結果から計算すると、この惑星の密度5・6g／㎤になります。これは地球とほとんど同じ密度ですが、質量が地球よりずっと重くて内部がより圧縮されていると考えれば、TOI-1452bは地球より軽い物質の割合が高いはずです。この惑星は、岩石からなる中心核とそれよりも多くの水でできていると研究チームは結論

① Cadieux, C., Doyon, R., Plotnykov, M. et al. TOI-1452b: SPIRou and TESS Reveal a Super-Earth in a Temperate Orbit Transiting an M4 Dwarf. The Astrophysical Journal 164, 96 (2022)

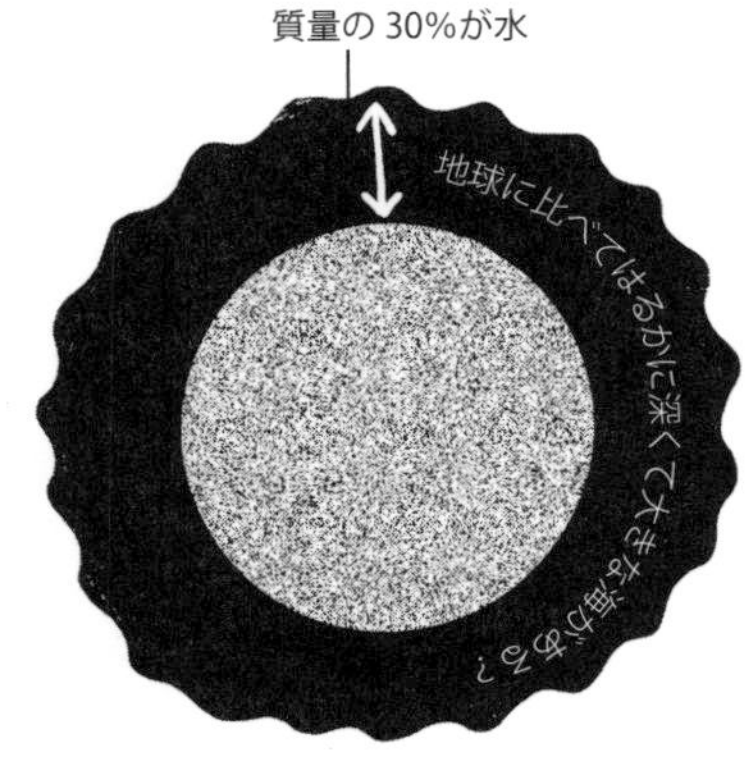

付けています。

地球には広大な海がありますが、海のもっとも深い部分はせいぜい10㎞くらい。地球の半径約6400㎞に比べると、ほんの表面だけがうっすらと水に覆われているにすぎません。地球の質量のうち、水が占めるのはわずかに1%以下なのです。今回発見されたTOI-1452bは惑星の質量のおよそ3割が水と考えられているので、地球に比べれば圧倒的に水に富んだ惑星ということになります。

実は、太陽系の中にも天体のサイズにしては多量の水を含む天体があります。木星の衛星ガニメデやカリスト、土星の衛星エンケラドスなどは、氷の表層の下に大量の水をたたえた地下海を持っている可能性が高いと考えられています。これらの天体たちは太陽から遠いために表面は凍り付いてしまっていますが、TOI-1452bは中心の星からの距離がほどよく、暑すぎも寒すぎもしません。表面が凍らないので、地球とは比較にならないほどたっぷりの水が惑星の表面を覆いつくしているかもしれません。

表面に海があるために欠かせないのは、惑星の大気です。もし十分な大気がなければ、水はすぐに蒸発し、宇宙空間に逃げていってしまうかもしれません。このため、NASAの最新鋭宇宙望遠鏡であるジェイムズ・ウェッブ宇宙望遠鏡（JWST）でもこの惑星が観測されることになっています。もしこの惑星に大気があれば、JWSTならその量や成分を調べることができるはずです。

ちなみに、今回の研究には日本の天文学者たちも貢献しています。ハワイ・ハレアカラ天文台の望遠鏡に、東京大学の成田憲保さんたちが開発した「マスカット3」というカメラが搭載されていて、TOI-1452bの観測に使われました。また、国立天文台がハワイ島で運用しているすばる望遠鏡の観測データも研究に使われています。世界中の研究者が技術と知恵を駆使して、100光年先の惑星の謎に挑んでいるのです。

宇宙最初の巨大天体・ダークスター

宇宙には、人類が答えを知らない謎がまだまだたくさんあります。例えば、この宇宙には未知の物質「暗黒物質」があると考えられています。暗黒物質は光も電波もX線も出さないため、どんな望遠鏡を使っても見ることはできませんが、不思議なことに重力をまわりに及ぼしています。暗黒物質は私たちが知っている物質の5倍以上もこの宇宙に存在しているといわれています。つまり、この宇宙は未知のもので満ちているのです。

別の謎として、超巨大ブラックホールの起源が挙げられます。多くの銀河の中心には、太陽の質量の数百万倍から数十億倍というとんでもない巨体を持つブラックホールがありますが、これがどのようにして作られたのか、いまだにわかっていません。ブラックホールは巨大星が死んだ後に残されることがわかっていますが、その質量はせいぜい太陽の10倍程度。ブラックホールは周囲のガスを吸い込むことで大きくなることができるとはいえ、それだけでは太陽の数十億倍の質量にまで成長することはできません。さらに、最近の観測では宇宙が生まれて数億年の時代に、太陽の1億倍を超える質量を持つ超巨大ブラックホールが存在していたこともわかってきました。ビッグバンから数億年の間に、ブラックホールは急速に大きくならなくてはいけないのです。

そんな暗黒物質と超巨大ブラックホールの起源を組み合わせたユニークな説を、この分野で名高いミシガン大学のキャサリン・フリーズさんが提唱しています。宇宙初期には、暗黒物質で輝く超巨大星「ダークスター」があり、これが超巨大ブラックホールに進化したというのです。①

暗黒物質は光らないはずなのに、暗黒物質で輝く星とはどういうことでしょう。暗黒物質の正体はいくつか提案されていますが、フリーズさんが注目したのは「WIMP（ウィンプ）」と呼ばれる未知の素粒子です。WIMPは、質量は持つも

① Freese, K., Rindler-Daller, T., Spolyar D. et al. Dark stars: a review. Reports on Progress in Physics 79, 066902

のの電気や磁気の力が働かないという特徴を持ちます。さらに、WIMPどうしが衝突すると大きなエネルギーを放出して消えてしまう「対消滅」という性質を持つと考える研究者もいます。

フリーズさんが提唱する説というのは、以下のようなものです。まず、ビッグバンからおよそ2億年後の水素とヘリウムしかなかった宇宙で、これらのガスが集まり始めます。その中には、微量のWIMPも含まれています。やがて、ガスはボール状になります。その中心ではWIMPが対消滅を起こし、エネルギーが生まれます。ボール状のガスは自らの重みでつぶれようとしますが、対消滅によるエネルギーが内側から湧いてくるので、つぶれることはありません。これが「ダークスター」です。これは、実は普通の星の構造と似ています。星の中心部では水素原子核がヘリウム原子核に変わる核融合反応が起きて、これが星のエネルギー源になっています。星が核融合で輝けるように、ダークスターはその名に反して対消滅のエネルギーで光っていると想定されます。

しかも、普通の星の場合は水素原子核を狭い範囲にギュウギュウに押し込めなくては核融合反応が進みませんが、WIMPの対消滅の場合はそこまでの圧力が必要なく、ダークスターは太陽よりずっとふわふわとした雲のような体を持っていると考えられます。そのサイズは、太陽系では土星の軌道まですっぽり収まってしまうほど。さらに、ダークスターは太陽の100万倍から1000万倍の質量にまで成長することができたと考えられます。ダークスターを輝かせるには、ダークスターの質量のわずか0・1％のWIMPがあれば十分。

ダークスターの中では、WIMPがどんどん対消滅で消えていきます。もしすべてのWIMPが消えてしまったら？　ダークスターを内側から支えるエネルギーがなくなるので、ダークスターは自分の重みでつぶれてしまいます。とんでもなく大質量のガスが一気につぶれてしまって、あとに残されるのは……、そう、巨大なブラックホールです。この説が正しければ、宇宙が始まってから比較的短い期間で超巨大ブラックホールを作ることができるのです。

　では、ダークスターは本当に存在するのでしょうか。太陽の1000万倍の質量を持つダークスターは、太陽の1000億倍の明るさで光っているはずだ、とフリーズさんたちは考えています。130億年を超える過去の宇宙でもこれだけ明るく光っていれば、NASAの最新鋭の宇宙望遠鏡、ジェイムズ・ウェッブ宇宙望遠鏡で見える可能性があります。もし予測通りに見つかれば、超巨大ブラックホールの起源が明らかになり、さらに暗黒物質の正体がWIMPであるということまで突き止められることになります。現代天文学と物理学の大きな謎を一気に解決することになれば、間違いなくノーベル賞級の成果でしょう。世紀の大発見がもたらされるのか、あるいはそもそもダークスターなんて存在しないのか。人間と宇宙の知恵比べの行方に注目です。

秒速8000kmで移動する星・スピードスター

　普段意識しないかもしれませんが、地球は秒速30kmという高速で太陽の周りを回っています。そして、太陽は秒速およそ230kmで天の川銀河の中を進んでいます。飛行機が秒速およそ250m（kmではないことに注意）であることを考えると、いかに地球や太陽が速い速度で飛んでいるかがわかります。

そんな中、秒速８０００㎞という桁違いの速度で移動する星が見つかりました。S４７１６と名づけられたこの星がいるのは、天の川銀河の中心部。天の川銀河の中心には「いて座A＊（エースター）」と呼ばれる超巨大ブラックホールがあることが知られていますが、S４７１６はこのブラックホールを周回しています。ブラックホールを一周するのにかかる時間はたったの4年。ちなみに、太陽が天の川銀河をぐるっと一周するのには2億年かかりますので、それに比べるとS４７１６はほんの一瞬で周回してしまうことになります。

いて座A＊の近くには、１００個以上の星が発見されていました。これらは「S星団」と呼ばれ、これを構成する星たちはいずれも高速でブラックホールを周回しています。中でもS２と名づけられた星が明るく、星団の他の星たちを見えづらくしていました。研究者たちは、20年にもわたる長期の観測データを新しいデータ解析アルゴリズムによって詳しく分析しなおし、S２をはじめとする既知の星の光を注意深く取り除くことによって、これまで知られていなかった星S

４７１６を見つけることに成功しました。①　その解析の過程では、Ｓ４７１６は過去の画像に写ってはいたものの別の星と混同されてしまっていたことも指摘されています。

新しく見つかったＳ４７１６の軌道は楕円形で、ブラックホールと一番近いときの距離は１００天文単位ほど。これは、太陽と地球の間の距離の１００倍に相当します。太陽系でもっとも外側の惑星、海王星と太陽の距離が30天文単位であることを考えると、地球にいる私たちからすれば１００天文単位ははるかな距離です。が、中心に太陽の４００万倍の質量を持つ超巨大ブラックホールがいるとなったら話は別。ブラックホールのとんでもない重力によってぶんぶん振り回されているからこそ、Ｓ４７１６は秒速８０００kmという超高速で飛び回ることになったわけです。

こんなにブラックホールの近くを回っていて、Ｓ４７１６はブラックホールに吸い込まれてしまわないのでしょうか。実は、研究者もこれを不思議に思ってい

① Peißker, F., Eckart, A., Zajaček, M. et al. Observation of S4716—a Star with a 4 yr Orbit around Sgr A*. The Astrophysical Journal 933, 49 (2022)

ます。ブラックホールにこれほど近い場所でこの星が生まれたとは考えにくいので、どこか遠くで生まれてここまで移動してきたはずです。すでにブラックホールのまわりを回っていた別の星の重力によって、軌道を曲げられて、今のところにやってきたのかもしれません。だとすると、今後も他の星の重力によってまた軌道が変えられてしまう可能性もあるでしょう。やがてはブラックホールに向かって落ちていってしまうのか、あるいは近づいてきた別の星の重力によって跳ね飛ばされてブラックホールに別れを告げるのか。私たちが住む天の川銀河の中心では、これからもいろいろなドラマが続いていきそうです。

宇宙でもっとも明るい天体・クエーサー起動！

今からおよそ60年前の１９６２年、天文学者を驚かせる発見がありました。暗い星のように見えていた天体が、実は10億光年以上も彼方にあることがわかったのです。その天体は３Ｃ　２７３と呼ばれ、強い電波を出すことで知られていました。とてつもなく遠くにあるのにありふれた星のように見えるということはつまり、実際には想像を絶するほど明るい天体である、ということになります。星のように見える天体ということで「準恒星状天体（英語ではクエーサー）」と呼ばれることになったこの種の天体は、その後次々と発見されていきました。

クエーサーは、普通の星が集まった銀河のもっとも明るいものに比べても何十倍も明るい天体でした。そのエネルギー源は何だろう？　研究者たちがたどり着いた答えは、超巨大ブラックホールでした。

ブラックホールは、その強い重力で何でも吸い込んでしまう天体です。光さえ吸い込んでしまうので、真っ黒に見えます。それが、宇宙で一番明るいクエーサーのエネルギー源であるとはどういうことでしょうか。実は、光っているのはブラックホールそのものではなく、その周囲を取り巻く（そしてこれからブラックホールに吸い込まれていくであろう）超高温のガスなのです。ブラックホールは、その強大な重力で銀河の中にあるガスを引き付けています。ブラックホールに近づいていくにつれてガスの密度は上がり、摩擦は大きくなり、ぐんぐん温度が上がっていきます。引き寄せられたガスはまっすぐブラックホールに落ちていくのではなく、円盤状になってブラックホールのまわりにたまります。これを、降着円盤と呼びます。降着円盤には後から後からガスが降り積もっていくため、超高温になり、まばゆい光を放つのです。

宇宙にあるほぼすべての大型の銀河の中心には、巨大なブラックホールがあると考えられています。私たちが住む天の川銀河の中心にも、太陽の400万倍の質量を持つ超巨大ブラックホールがあります。しかし、この我らが超巨大ブラックホールはまったく明るくありません。とても強い光を出してクエーサーとなる超巨大ブラックホールと暗い超巨大ブラックホールでは、何が違うのでしょうか。

イギリス・ハートフォードシャー大学のジョニー・ピアースさんたちは、48個のクエーサーと、クエーサーになっていない普通の銀河100個以上を望遠鏡で詳しく観測し、クエーサーの「スイッチ」を入れるメカニズムを明らかにしたと発表しました。それは、2つの銀河が衝突することによってクエーサーが起動する、というものでした。①

観測結果によると、クエーサーを持つ銀河は形が大きくゆがんでいるものが多

① Pierce, J. C. S., Tadhunter, C., Ramos Alameida, C. et al. Galaxy interactions are the dominant trigger for local type 2 quasars. Monthly Notices of the Royal Astronomical Society 522, 2, 1736 (2023)

いことがわかりました。これはつまり、別の銀河と衝突を経験し、形が崩れてしまったのです。クエーサーになっていない銀河と比べると、別の銀河の影響を受けている可能性は3倍も高かったとのこと。銀河の中では普段はガスも星も整然と巡っていますが、別の銀河と衝突したり、あるいは衝突まで行かなくても別の銀河が近くを通り過ぎたりすると、重力のバランスが崩れ、星やガスの動きが乱されます。すると、一部のガスは銀河の中心に落ちていってしまうのです。そこに待っているのは、超巨大ブラックホール。こうして、銀河どうしが相互作用することによって超巨大ブラックホールに「餌」が提供され、非常に激しく光るようになるのです。

天の川銀河の中心にある超巨大ブラックホールは、幸いにもおとなしい状態にあります。ところが、数十億年後には隣にあるアンドロメダ銀河と衝突するといわれています。2つの銀河に含まれていたガスが混じり合い、軌道は乱され、大量のガスがブラックホールに流入するかもしれません。もしかしたら、クエーサーのような激烈な天体に変身してしまうかも……。でも、心配は無用です。そのころには太陽も一生の最後に近づいていて、いずれにしても地球上で暮らしていくのは難しくなっていることでしょう。クエーサーを近くで見るチャンスなのに、と、もしかしたら一部の天文学者は悔しがっているかもしれません。

SFが現実に？　分類不能の謎天体

ブラックホールに近づいても吸い込まれない「特殊な天体」

ブラックホールに星が吸い込まれたら、何が起きるのでしょうか。ブラックホールの強大な重力によって星が引き裂かれ、とてつもなく明るい光を放つと考える研究者もいます。実際、3億7500万光年の距離にある遠くの銀河の中で巨大ブラックホールに引き裂かれたであろう星の爆発を捉えた、という観測結果が発表されたこともあります。しかし、これはあまりに遠すぎて詳しい様子がわかりません。どこか近くのブラックホールに星が吸い込まれたらその様子がよくわかるのになぁ、と思っている研究者はおそらくたくさんいるはず。

そのチャンスが巡ってくるかもしれない、と話題になったのは2012年のこと。天の川銀河の中心にある超巨大ブラックホール「いて座A＊」の近くに、「G2」と名づけられたガス雲が見つかったのです。その質量は、地球のおよそ3倍と見積もられました。G2は星ではなく小さなガスのかたまりと考えられていましたが、それでも、地球からおよそ2万6000光年という宇宙の中では比較的近い場所でガスがブラックホールに吸い込まれる様子を詳しく調べることができれば、ブラックホールのまわりの環境やそれによってどんな光が出るかが手に取るようにわかるかもしれません。G2の発見後、ブラックホールに近づいたときに何が起きるかを予測するコンピュータシミュレーションが行われ、G2はいて座A＊の強い重力で細長く引き伸ばされ、また非常に強く圧縮されることで1年ほど明るく光り続ける、という予想も出ていました。

2014年、G2がいて座A＊に最接近。多くの天文学者が最先端の望遠鏡を駆使してその様子に注目しました。いて座A＊の重力に引かれてG2はぐっと引き伸ばされましたが、結局ブラックホールに吸い込まれることはありませんでした。最接近を無事に終えたG2は、不思議なことにまたコンパクトな天体に戻ってしまったのです。研究者はG2はブラックホールに吸い込まれる、あるいは吸い込まれないとしても引き裂かれてしまうと予想していましたので、もとに戻ったという結果は多くの謎を呼びました。

いて座A＊がブラックホールであることを観測的に証明し、2020年のノーベル物理学賞を受賞したカリフォルニア大学のアンドレア・ゲズさんたちのチームは、G2の様子をつぶさに観測していました。そして、いて座A＊の近くにG2に似た天体をさらに4つ発見しました。ゲズさんたちは、これらはいずれもともとは2つの星が互いを回り合う連星系であり、ブラックホールの重力によって連星が合体しつつある姿ではないか、という説を提唱しています。①というのも、G2を構成するガスは細長く引き伸ばされたものの、そこに含まれる塵はそれほど引き伸ばされていなかったのです。これは、G2の中に何らかの重力源があることを示しています。

太陽はひとりっ子の星ですが、宇宙には連星はありふれています。連星の合体はそれほど頻繁には起きないと考えられてきましたが、ブラックホールのすぐ近くではもしかしたら様子が違って、より頻繁に連星の合体が起きているのかもし

① Ciurlo, A., Campbell, R.D., Morris, M.R. et al. A population of dust-enshrouded objects orbiting the Galactic black hole. Nature 577, 337–340 (2020)

れません。なんといっても、天の川銀河の中心部は太陽のまわりよりも星の密度が10億倍も高く、重力の影響も磁場の影響も強い極端な環境です。この不思議な銀河中心部を観測するときには、太陽系がそんな強烈な環境にいなかったことに感謝したほうがよいのかもしれませんね。

ナゾの天体「踊る幽霊」の正体とは⁉

望遠鏡で観測をしていると、予想だにしない姿の天体が見つかることがしばしばあります。その不思議な姿を読み解くことで、これまで明らかになっていなかった宇宙の謎の解明につながることもあります。未知の天体に出会い、その謎を解く。これは天文学の醍醐味のひとつでもありますが、謎はそう簡単に解けるとも限りません。

オーストラリア・ウェスタンシドニー大学のレイ・ノリスさんも、まさにそんな未知の天体に出会った研究者のひとり。オーストラリア西部に新しく作られた電波望遠鏡ＡＳＫＡＰ（アスカップ）で空の広い範囲を観測していたところ、奇妙なガスの広がりを発見しました。[①] その姿は、ゆらゆらと不思議な形にゆらめく幽霊のよう。初めてこの天体を見たとき、ノリスさんはその正体にまったく見当がつかなかったといいます。この観測では、見えている天体の距離を直接調べることができませんでした。私たちの住む天の川銀河の中にある天体なのか、それともはるか彼方の巨大な天体なのかさえもわからなかったのです。

他の望遠鏡の観測データと見比べてみると、このガスのゆらめきの中に2つの銀河があることが明らかになりました。幽霊のようなガスは、2つの銀河の中心に潜む超巨大ブラックホールからそれぞれ噴き出したものだったのです。私たちからこれらの銀河までの距離はおよそ10億光年にもなり、ガスの広がりは銀河のサイズの何倍にも達するほど巨大なものでした。そしてジェットを噴き出す銀河が隣り合っていたために、噴き出したガスがダンスする2人（？）の幽霊のように見えたというわけです。

超巨大ブラックホールはその強大な重力で周囲の物質を吸い込んでしまいます

① Norris, R. P., Marvil, J., Collier, J. D. et al. The Evolutionary Map of the Universe pilot survey. Publications of the Astronomical Society of Australia 38, e046 (2021)

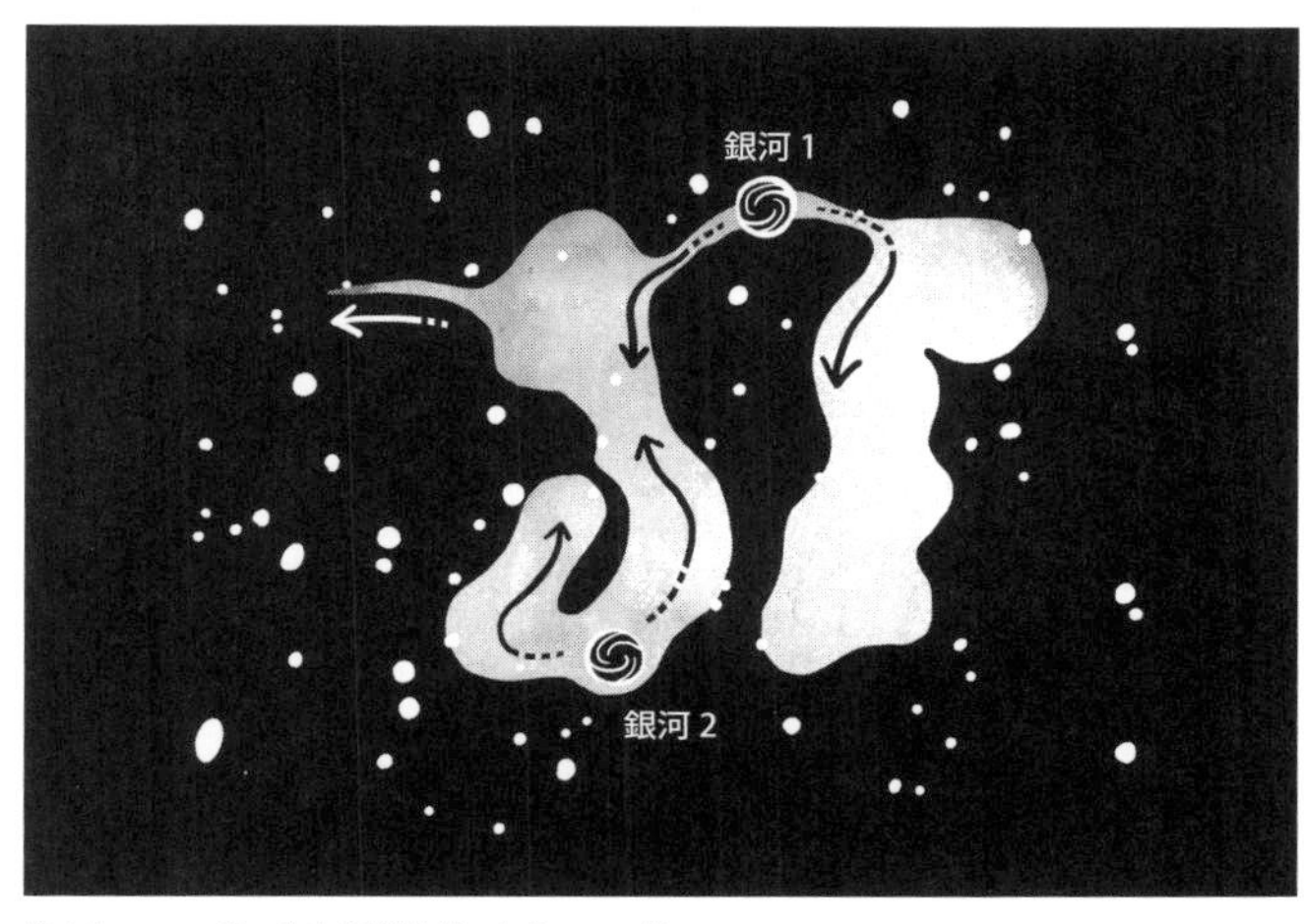

Credit：Jayanne English/EMU/Dark Energy Survey
「踊る幽霊」と呼ばれる不思議なガス。2つの銀河（銀河1、2）から流れ出すガスがその正体であることが明らかになった。

が、不思議なことに超高速のガスジェットを噴き出しているブラックホールもあります。中には、光の速度の99％にまで加速している場合もあります。どうしてブラックホールからこんなふうにジェットが噴き出すのでしょう。ブラックホールの自転や、その周囲にある磁場の力が鍵を握っているという説はありますが、いまだにそのメカニズムは謎に包まれています。

超巨大ブラックホールからのジェットは、最初はまっすぐに噴き出します。しかし、ノリスさんたちが発見したのはぐにゃりと大きく曲がったジェットでした。どうしてこんなに不思議な形をしているのでしょうか。ノリスさんたちはまだ答えにたどり着いていませんが、実は途中で大きく折れ曲がったジェットは過去にも見つかっています。ジェットを噴き出すもとになった銀河のまわりは真空ではなく、希薄ながらもガスが存在しています。銀河がこのガスの中を動いていると、銀河は「向かい風」を受けるようになります。すると、ジェットがこの向かい風を受けて風下側にたなびくのです。ノリスさんたちが見つけた「踊る幽霊」が同じ仕組みで作られたのかどうか、さらなる観測やコンピュータシミュレーションによる検証が待たれます。

ノリスさんたちの観測の目的は、この不思議な幽霊の正体を突き止めることにはとどまりません。研究チームは最新鋭の電波望遠鏡ＡＳＫＡＰを使って、満月１０００個分に相当する面積の空を観測し、そこに22万個の電波源を発見しています。もちろんすでに知られている天体も多く含まれますが、「踊る幽霊」のように初めて見つかる不思議な天体もあります。近年の天文学では、とにかく広い範囲の宇宙をくまなく調査して面白い天体を一網打尽にしようという観測が増えています。これは望遠鏡やカメラ技術の進化と、データ処理やデータ蓄積に使うコンピュータの能力の向上によってようやく可能になったものですが、とにかく得られる観測データは宝の山。人間だけではデータを見きれないので、ＡＩ（人工知能）を使った解析技術も進化しています。望遠鏡でじっくり星を眺めるというゆとりのある観測はプロの天文学者の世界からは姿を消し、大量のデータの洪水の中からコンピュータの力も総動員して新発見を見つけ出す時代になっているのです。

未知の第9惑星「プラネット・ナイン」は存在する!?

現在、太陽系の惑星は水星から海王星までの８個。海王星の外側には冥王星もありますが、冥王星と同じような大きさ、同じような軌道を持つ天体がたくさん見つかってきたことを受けて、冥王星は惑星とは呼ばないことになりました。では、その外側には惑星と呼ぶべき大きな天体はないのでしょうか？　私たちのまだ知らない第９惑星「プラネット・ナイン」探しは、熱を帯びています。

海王星より外側で太陽を巡る天体を、太陽系外縁天体と呼びます。「元」第9惑星である冥王星がその代表格ですが、そのほかにも数多くの天体が見つかっています。太陽系外縁天体は、それまでのフィルムカメラよりずっと暗いものまで写すことができるデジタルカメラが天体観測に活用され始めた1990年代に初めて発見され、その後も続々と見つかっています。中には、冥王星より3倍も遠い場所で見つかったものもあります。望遠鏡やカメラなどの性能が上がるほど、遠くにあって暗い天体が見つかっているのです。

ところが、2016年までに発見された特に遠くの太陽系外縁天体の軌道を描いてみると、なぜか太陽系の片側に偏っていることがわかりました。軌道の向きや傾きも考慮すると、自然にこうした偏りが生まれる確率はなんと0・007％。偶然こうなったとはとても思えません。

偶然でないなら、何か原因があるはず。「未知の大きな天体が太陽系のはずれを回っていて、その重力で他の太陽系外縁天体の軌道が偏ってしまっているのではないか」というアイディアを提唱している研究者がいます。その未知の天体こそが、プラネット・ナインと呼ばれるものです。その質量は地球の5～10倍にもなり、およそ1万年という長い時間をかけて太陽を一周するというのです。

プラネット・ナインは実在するのか。その答えを得るには、高性能な望遠鏡で探してみるほかありません。ただし、簡単ではありません。現代の巨大望遠鏡の多くは、一度に観測できる視野がとても狭いのです。あらかじめ位置がわかっている天体を拡大して詳しく調べることは得意でも、空の広い範囲をしらみつぶしに見ていくことは苦手なのです。

そんな中で世界の期待を背負って観測を行っている、あるいはこれから行おうとしている望遠鏡が2つあります。そのひとつは、日本が誇るすばる望遠鏡です。日本の国立天文台がハワイ・マウナケア山頂域で運用するすばる望遠鏡は、8・2mの大口径を持ちます。望遠鏡が大きければそれだけたくさんの光を集めることができるので、暗い天体でも写真に写すことができます。すばる望遠鏡の強みは、この世界最大級の口径を持ちつつ、観測する視野が他の望遠鏡に比べて圧倒的に広いことです。高さ3m、重さ3t、8億7000万画素の巨大なカメラ

HSCを望遠鏡に取り付けることで、満月9個分の面積に相当する夜空を一度に撮影することができます。高い感度と広い視野の組み合わせは、現在世界最強と言ってもいいでしょう。プラネット・ナインの存在を提唱したカリフォルニア工科大学のマイケル・ブラウンさんたちも、すばる望遠鏡とHSCを使って、プラネット・ナインが存在する可能性の高い天域の観測を進めています。が、現在のところは発見には至っていません。

もうひとつの望遠鏡は、現在チリに建設中のヴェラ・ルービン天文台。有効口径はすばる望遠鏡より少し小さい6・7mですが、32億画素のカメラを搭載し満月40個分の空を一度に撮影することができます。ルービン天文台はこの広い視野を活かし、3晩で空全体を撮影することができます。こうした撮影をずっと繰り返すことで、いつかどこかで起きる爆発現象や、どこかに潜む未知の天体を見つけ出そうとしています。

すばる望遠鏡がプラネット・ナインを見つけるのか、それともルービン天文台か、はたまたそんなものは存在しないのか。太陽系の果ての冷たい世界に、熱い視線が向けられています。

Column③

SF ファン待望！
宇宙と地球でホログラム状態での会話成功

映画「スター・ウォーズ」で、青白い光で主人公の前に現れるレイア姫。それは、ホログラムと呼ばれる空間に浮かんだ3次元映像で、本人はそこにはいません。遠隔地に人の姿を3次元で投映することができるホログラムはさまざまなSFにも登場しますが、現実世界でも役に立つ時代が近づいていそうです。

実験に成功したのは、地上と国際宇宙ステーションの間。送られた映像は、宇宙飛行士の健康を管理する「フライト・サージャン」であるジョセフ・シュミット博士のものでした。宇宙飛行士は、マイクロソフト社が開発した複合現実（MR）グラスであるホロレンズを装着し、地上から送られたシュミット博士（の3次元映像）とリアルタイムに会話することに成功したのです。NASAはこの技術を、「ホログラム」と「テレポーテーション」を組み合わせて「ホロポーテーション」と呼んでいます。

MRは、完全にCGの世界に入る仮想現実（VR）とは違って、グラスをかけた人がいる実空間に別の場所にいる人の3次元映像を重ねて映し出すものです。限られた人たちと閉鎖空間に長く一緒にいることを強いられる宇宙飛行士にとっては、MRで別の人と話すという体験はストレスの軽減にもつながるかもしれません。離れて暮らす家族（の3次元映像）と会話を楽しむのもいいでしょう。また、複雑な実験装置の使い方をわかりやすく説明したり、今回のように医学的なアドバイスをしたりと、さまざまな用途が検討されています。国際宇宙ステーションは秒速7.7kmという高速で飛行していますので、そこに3次元映像という大容量データを送ることは簡単ではありません。実際、送られた3次元映像はスター・ウォーズで描かれたようななめらかなものではなく、ブロックノイズが目立ちます。ストレス軽減のためには、データ容量を増やすなどしてもう少し本物に近い映像がほしいところです。

現時点でまだ発展途上とはいえ、ホロポーテーションの応用先は宇宙に限りません。深海探査や極地探検はもちろん、単身赴任のお父さんがMRを使って家族と同じ時を過ごすことだってできるでしょう。「まるでそこにいるような体験」にするには技術の進展がもう一歩必要かもしれませんが、SFで見るような世界はもうそこまで来ているのです。

いつかはこんな日が来る！？

5章

ナゾに満ちた宇宙空間

私たちがいるのは宇宙のどんなところか

とてつもなく広い宇宙空間。ビッグバンで宇宙が誕生してから138億年、宇宙はずっと広がり続けてきました。まず空間と時間が生まれ、星や銀河が生まれ、大爆発がそこかしこで発生し、ブラックホールが生まれ、銀河は衝突し、生命を育む惑星が生まれ、生命が進化して、私たちがいます。今後私たちひとりひとりの生が終わっても、人類の繁栄が終わっても、太陽が最期を迎えても、それでも宇宙は静かに続いていくことでしょう。

果てしなく広がる宇宙には、果てしなく謎が広がっています。宇宙を加速膨張させている正体不明の暗黒エネルギー、逆に銀河や銀河団を重力で引き付けている暗黒物質、現代物理学が通用しないブラックホールなど、解明すればノーベル賞がいくつも獲れるような謎がゴロゴロ転がっています。そして、この本には書き尽くせないほどの研究者の情熱がさまざまな発見をもたらしています。

こんな特大の謎でなくても、実に多くの「未解明」や「不思議」が宇宙のいろいろなところに顔を出します。とても大きいもの、とても小さいもの、とても珍しいもの、まったく見えないもの。宇宙はいつも、私たちの想像を軽く超えてきます。最後の第5章では、そんな多彩で不思議な宇宙の話題をご紹介します。

太陽系は、周囲1000光年に「ほとんど何もない泡」の中にいる

あなたは、どんなところに住んでいますか？　大都会のマンション、山あいの集落、田畑に囲まれた一軒家、郊外の新興住宅地など、住んでいる場所は人それぞれ。実は、星のまわりの環境もさまざまです。大星団の中にある星もあれば、孤立している星もあります。では太陽は？

太陽系があるのは、天の川銀河の中。天の川銀河にはたくさんの星とガスと塵が含まれていて、全体的に渦を巻いています。太陽系は、天の川銀河の中心というよりは比較的外側の、大きな渦巻の腕に挟まれた小さめの腕の端にいるようです。そう思うと、比較的田舎にいるといってもいいかもしれません。

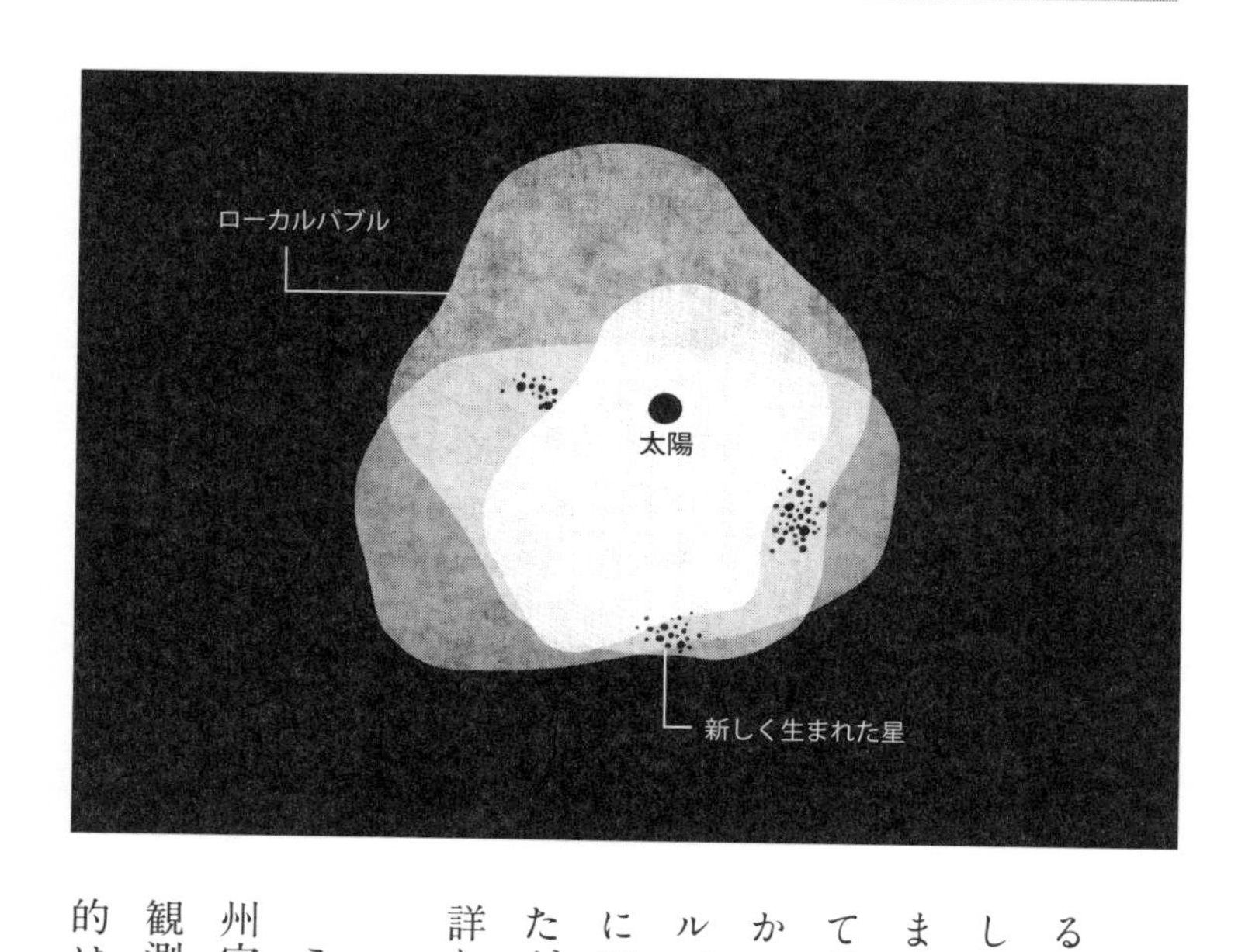

ではもっと太陽系に近づいてみるとどんな世界が広がっているでしょうか。周囲に星はいくつもありますが、実は、太陽系はガスが極めて希薄な「泡」の中にいることがわかっています。この泡を、「ローカルバブル」と呼びます。50年ほど前に研究者はこの事実に気づきましたが、泡の大きさやその起源などは詳しくわかっていませんでした。

この状況に一石を投じたのが、欧州宇宙機関（ＥＳＡ）が打ち上げた観測衛星ガイアです。ガイアの主目的は、天の川銀河の星の地図を作ること。星までの距離と星の動きを超精密に測ることができるのです。そのデータを詳しく調べた結果、ローカルバブルの大きさが約１０００光年であることがはっきりしました。さらに、約１４００万年前から15個の超新星爆発が連続的にこの場所で発生し、その衝撃によってガスが周囲に吹き飛ばされ、ガスがほとんどない「泡」ができたのではないかと考えられています。①

観測結果から研究者が導き出したシナリオは、以下のようなものです。今から約１６００万年前、今の地球から見てケンタウルス座・おおかみ座の方向にある星間ガスの中で星の誕生が始まりました。その後、南十字星の方向でも星の誕生が始まります。これらはいずれも日本からは見えづらい、南の空です。ここで生まれた星の中には、巨大な星も含まれていました。巨大な星は短命で、一生の最後に超新星爆発を起こします。約１４００万年前、その巨大な星たちが寿命を迎え、爆発が続きました。もともとこの星たちのまわりにあったガスは、超新星爆発によって四方八方へ押し出されます。こうして押し出されたガスは圧縮され、次の星たちを生み出すのに十分な密度になります。約１０００万年前にはさそり

① Zucker, C., Goodman, A.A., Alves, J. et al. Star formation near the Sun is driven by expansion of the Local Bubble. Nature 601, 334 (2022)

座のあたりで、600万年にはおうし座のあたりで、400万年前にはへびつかい座やカメレオン座のあたりで、それぞれ星が生まれ始めます。たった15個の超新星爆発ですが、押しのけたガスの総質量は太陽100万個分以上。これによって膨大な数の星が誕生したのです。

超新星爆発が続いた1400万年前には、当然地球上には生命がいます。恐竜はとうの昔に絶滅し、哺乳類や鳥類が栄えている時代。ヒトとオランウータンの祖先が分岐したころに相当します。そんな時代に、有害な高エネルギー宇宙線を膨大に放出する超新星爆発が近くで起きたとしたら、生命体はひとたまりもありません。でも大丈夫。その時代、太陽系は幸いにも超新星爆発からは遠い場所にいました。太陽系は、およそ500万年前にローカルバブルの中に移動してきて、今ちょうどバブルの真っただ中にいるのです。

人類が進化して望遠鏡で宇宙を調べるようになった時代に、太陽系がたまたまローカルバブルの中にいることは、天文学者たちにとってラッキーでした。私たちを取り巻くように星の誕生現場が広がっているので、星が生まれる様子を間近で見ることができるのです。いわば、観測の特等席です。

実はこうした「泡」は、天の川銀河の中にたくさんあるといいます。まるで、穴のたくさんあいたスイスチーズのように。もしかしたら太陽系自身も、天の川銀河のどこかにあった「泡」の縁で生まれたのかもしれません。星の死である超新星爆発が次の世代の星を生む、というプロセスが、この天の川銀河の中では何度も繰り返されてきたのです。

天の川銀河は周囲に対して大きすぎる激レア銀河だと判明！

天動説が信じられていた時代、地球は宇宙の中心にある特別な存在でした。しかしそれは間違っていて、地球は太陽のまわりを回るいくつかの惑星のひとつであることがわかりました。さらに太陽も、天の川銀河に含まれる数千億の星のひとつであることが明らかになりました。20世紀前半には同じように、天の川銀河も宇宙に無数にある銀河のひとつであることが判明しました。生命を宿すことが確認されている惑星は今のところ地球だけですが、地球に似たサイズの惑星はいくつも見つかっています。観測技術さえ進歩すれば、第二の地球と呼べる惑星が見つかるかもしれません。宇宙は、「いかに私たちが特別でないか」ということを何度も教えてくれているのです。

しかし、それもある意味では偏った見方かもしれません。実は天の川銀河はかなりレアな天体なのではないか、という研究結果が2022年末に発表されました。①

天の川銀河は直径10万光年、数千億の星を持つ渦巻銀河です。これ自体は特に珍しいものではありません。中心のブラックホール周辺が特別明るいとか、爆発的な勢いで星が生み出されているとか、他の銀河とまさに合体の途中であるとかいった他の銀河で見られる特徴的な活動もありません。しかし、周囲の銀河の分布まで考えに入れてみると、天の川銀河はかなり特殊なようです。

天の川銀河の周辺には、大小さまざまな銀河が広がっています。その広がりは、

① Aragon-Calvo, M. A., Silk, J. & Neyrinck, M. The unusual Milky Way-local sheet system: implications for spin strength and alignment. Monthly Notices of the Royal Astronomical Society: Letters 520, 1, L28 (2023)

幅3000万光年、高さ150万光年の薄いシート状になっていて、「ローカル・シート」と呼びます。ローカル・シートは、「ボイド」と呼ばれる銀河がほとんど分布しない領域に挟まれています。銀河は一般的にはてんでバラバラなスピードで動いていますが、不思議なことにローカル・シートの中の銀河は速度のばらつきがそれほど大きくありません。これだけでも、ローカル・シートが少し珍しい存在らしいことがわかります。

メキシコ国立自治大学の研究者たちは、巨大な宇宙シミュレーション「イラストリスＴＮＧ」で作られた宇宙と天の川銀河の周辺を比較しました。シミュレーションは現実の宇宙を模したもので、一辺が10億光年という巨大な立方体の中で何百万個もの銀河の分布や進化が計算されています。現在の望遠鏡では、実際の宇宙の10億光年の範囲の銀河をくまなく調べることは簡単ではありません。シミュレーション結果と実際の観測結果を見比べることで、さまざまな情報を引き出すことができるのです。

研究者たちは、ローカル・シートに似た構造をイラストリスＴＮＧの模擬宇宙の中に探しました。シート構造はありましたが、そのほとんどには天の川銀河のような大きな銀河が含まれていないことがわかったのです。その確率は、なんと一辺5億光年の範囲にわずか1個。一方で私たちがいるローカル・シートの中には、天の川銀河の他にアンドロメダ銀河（M31）とさんかく座銀河（M33）と大きな渦巻銀河が3つも含まれています。これは超激レアといってよいでしょう。

この結果は、天文学者たちに重要な教訓を与えてくれます。これまで天文学者は自分たちのまわりが特別ではない、つまりどこも似た環境だと仮定して宇宙を調べてきました。でももし天の川銀河のまわりが特殊な環境なのであれば、その仮定は間違った結論をもたらしてしまうかもしれません。先入観を持たずに宇宙と向き合うことが必要なんですね。

超重力の天体・ブラックホール

銀河と同じくらい重いブラックホールが存在する!?

多くの銀河の中心には、超巨大ブラックホールが隠れています。2019年に発表されたブラックホールの画像を覚えている方もいらっしゃるかもしれません。あのドーナツ型のブラックホールは、私たちから5500万光年彼方の巨大な銀河M87の中心にあります。ブラックホールの質量は、太陽の約65億倍。宇宙にあるブラックホールの中でも、最重量級です。では、ブラックホールはどこまで大きくなれるのでしょうか。

ブラックホールが合体したり、周囲の星やガスを吸い込んだりすることでブラックホールは成長します。観測からは、太陽の700億倍の質量を持つブラックホールの証拠も得られています。ではこれが上限？　いえいえ、太陽の1000億倍を超える質量のブラックホールだって存在できるはずだ、という理論的な研究が2020年に発表されました。①　天の川銀河の質量が太陽の数千億倍ですから、銀河1個と同じくらいの質量を持つブラックホールがあるというのです。研究をリードしたのは、イギリス・クイーンメアリー大学のバーナード・カーさんたち。カーさんは、車いすの物理学者として有名なスティーブン・ホーキング博士のお弟子さんです。

カーさんたちは、このとんでもなく大きなブラックホールを、"stupendously large black hole（SLAB）"と呼んでいます。stupendously largeとは、直訳すれば「あきれるほど大きな」という意味。天文学では名前がインフレ気味で、すぐに「スーパー○○」とか「ウルトラ××」という名を天文学者がつけてしまうのですが、それらをも凌駕してあきれてしまうくらい、とでもいうことでしょうか。

さらにカーさんたちは、このSLABが銀河の中心だけでなく、銀河と銀河の間にも浮かんでいる可能性を指摘しています。そんなところにどうして巨大ブラックホールがあるのでしょう。カーさんたちは、ビッグバンと同時に生まれた

① Carr, B., Kühnel, F., & Visinelli, L. Constraints on stupendously large black holes. Monthly Notices of the Royal Astronomical Society 501, 2, 2029 (2021)

「原始ブラックホール」がその正体ではないか、と考えています。しかしそもそもこの「原始ブラックホール」、1970年ごろに提唱されましたがまだ見つかっていません。原始ブラックホールというと普通はとても小さなものを考えるのですが、カーさんによれば、普通のブラックホールのように星が爆発して作られるものではないため、原始ブラックホールは原理的には太陽の10京倍（1兆倍のさらに10万倍）まで大きくなれるといいます。

もしこのSLABが本当にあるとしたら、おそらく宇宙にたったひとつということはないでしょう。銀河の間にたくさん浮かんでいるのかもしれません。となると、宇宙に存在する物質の質量の8割を占める暗黒物質の正体はSLABなのでしょうか？　残念ながら、そう単純ではありません。確かにSLABがたくさんあれば私たちには見えない重力源が存在することになりますが、暗黒物質は銀河のまわりにまんべんなく広がっていて、銀河に含まれる星やガスの回転運動に影響を与えていると考えられています。銀河の隣に巨大なSLABが1個だけ浮いていたとしたら、その重力に引っ張られて銀河の形は大きく崩れてしまうでしょう。しかし今のところ、SLABがなくては説明できないような現象や天体は発見されていません。

結局のところ、SLABが実在するかどうか、決着はついていません。「理論的にありうる」ことと「この宇宙に実在する」ことは別なのです。あきれるほど壮大な机上の空論で終わるのか、それとも理論的予言通りにあきれるほど大きなブラックホールがいつか見つかるのか。それを確かめるためには、やはりあきれるほどに強い天文学者の情熱が必要なのかもしれません。

早ければ100日後に合体するブラックホールを発見!?

超巨大ブラックホールの衝突を、私たちはリアルタイムで目にすることができるでしょうか。地球から12億光年の距離にある銀河の中心に互いに回り合うブラックホールのペアらしきものがあり、その距離がぐんぐん近づいているように見える、という報告があったのです。研究者たちの見立てが正しければ、3年以内、早ければ100日くらいに合体してしまうのではないかとのこと。しかし、そのデータは幻ではないか、と別の研究チームは指摘します。果たして、真実はいかに。

銀河の中心には巨大なブラックホールがあります。この本でも何度か紹介してきたように、巨大なブラックホールが生まれたメカニズムはいまだ謎に包まれています。銀河も合体して大きくなってきたので、その中心にあったブラックホールが合体しても不思議はありません。ただし、私たちはまだその瞬間を見たことはありません。

中国科学技術大学のニン・ジァンさんたちの研究チームは、中心にブラックホールを持ち明るく輝く銀河 SDSS J1430+2303 の観測データを見ていたとき、その明るさが変わっていることに気づきました。①　ブラックホールは光も吸い込む暗黒の天体ですが、その周囲に集まったガスが高温になって光を発しています。この銀河の2019年以降のデータでは、明るさの変化はおよそ1年周期でしたが、その周期はどんどん短くなっているように見えました。2021年夏以降、この銀河は太陽と重なる方向に来てしまったために光の望遠鏡では観測できなく

① Ning, J., Huan, Y,m Tinggui, W. et al. Tick-Tock: The Imminent Merger of a Supermassive Black Hole Binary. arXiv:2201.11633 (2022)

なりましたが、研究チームは宇宙に浮かぶX線天文台「スイフト」を使って観測を継続、X線強度の変化の周期がおよそ1か月になっていることがわかりました。これは何を意味するのでしょうか。

こうした明るさの変化は、銀河中心にブラックホールが2つあってお互いを回っているとすれば説明できる、と研究チームは考えました。回転の周期がどんどん短くなることで、明るさの変化の周期も短くなっているというのです。回転周期が短くなるためには、2つのブラックホールが近づかなくてはいけません。2019年には1年周期で回っていたものが、2021年末には1か月周期になっているということは、ブラックホールの間隔が急激に狭くなっているのかもしれません。このままのペースで近づけば、ブラックホールは3年以内、早ければ100日以内に合体してしまうだろう、と研究チームは予測しました。ブラックホールが合体するだけならやはり光も出ませんが、周囲のガスは大量のエネルギーを電波からX線までの幅広い帯域で放出するかもしれません。ニュートリノが大量に生まれる、という説もあります。

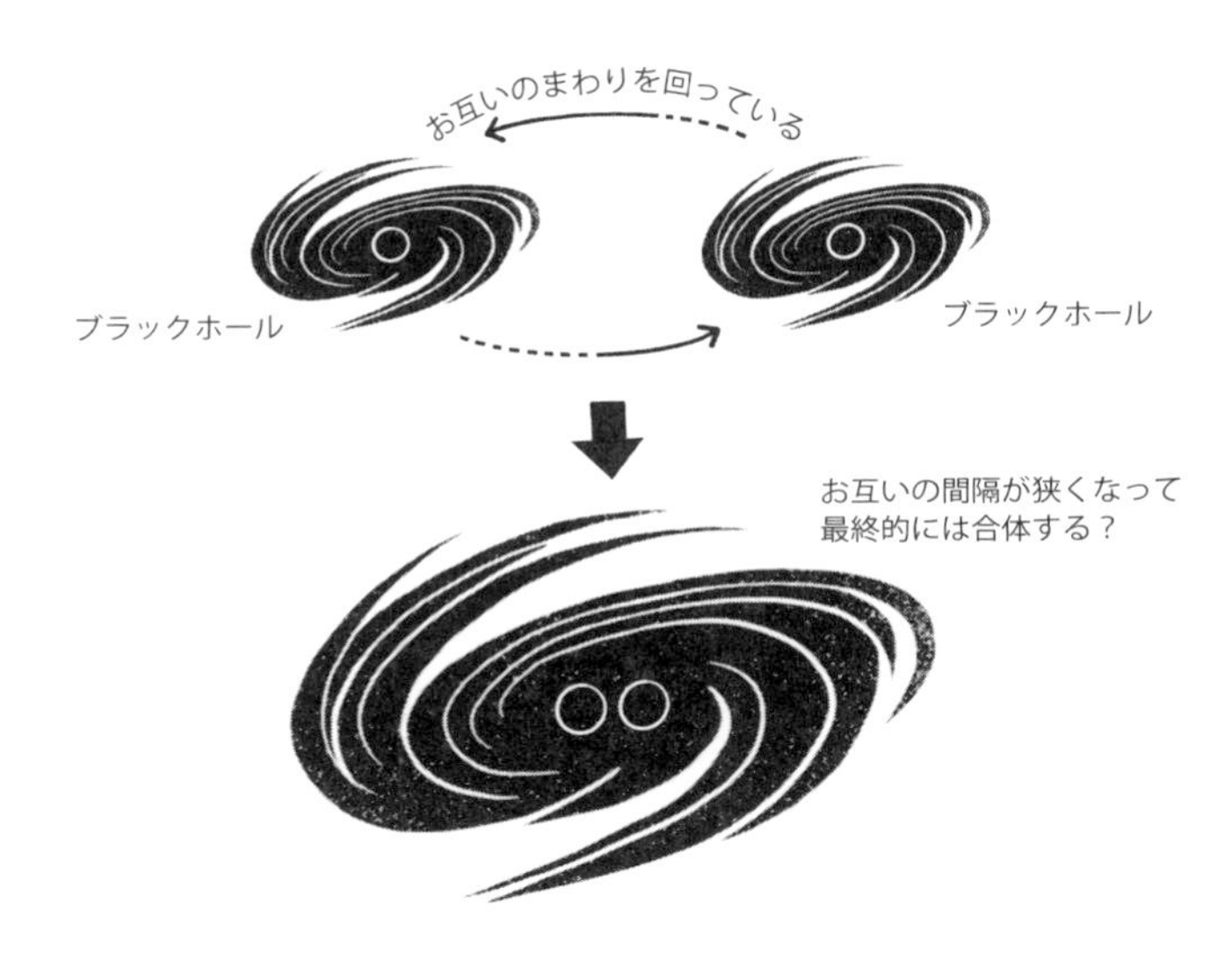

実はこの論文原稿を見た研究者の中には、早くから異を唱えていた人もいました。例えば、2019年以前の明るさの変化はあまりはっきりしないので、ジァンさんたちが注目した2019年以降の明るさの変化自体が偶然そう見えているだけなのでは、という指摘もあります。2022年1月から8月までのX線観測では、明るさの周期的な変化が見えないという結果も出ています。①

元の論文原稿が発表されたのは2022年1月。この本が出るこ

① Masterson, M., Kara, E., Pasham, D., R. et al. Unusual Hard X-Ray Flares Caught in NICER Monitoring of the Binary Supermassive Black Hole Candidate AT2019cuk/Tick Tock/SDSS J1430+2303. The Astrophysical Journal Letters 945, L34 (2023)

ろには2年が経過しています。今のところ、実際に合体した証拠を捉えたという報告はありません。とはいえ、可能性がゼロでなければ天文学者は気になるもの。もし実際に巨大ブラックホールが衝突するなら、世界中のあらゆる望遠鏡がこの方向に向けられるでしょう。あまり期待はしないけれどそのときのために観測の準備はしておこう、というのが天文学者の正直な気持ちだと思います。

宇宙人、巨大彗星……果てのない探究は続く

宇宙人に向けて「地球の情報」を送信する計画が進行中！

宇宙人と交信したい。そんな夢（妄想？）を胸に、まだ宇宙人がいるかどうかもわかっていないのに人類は宇宙に向けてこれまでに何度かメッセージを送ってきました。中でも有名なのは、１９７４年にプエルトリコのアレシボ天文台から球状星団Ｍ13に向けて発信された「アレシボメッセージ」でしょう。メッセージの中身は、数字、地球生命に欠かせない元素の原子番号、人の形やＤＮＡの二重らせん模様、太陽系の天体やアレシボ天文台のイラストです。これを「０」と「１」の組み合わせで作られたバイナリコードに変換し、さらに電波信号に変換してパラボラアンテナから撃ち出したのです。Ｍ13は地球から約２万５０００光年の距離にありますから、もしＭ13にこのメッセージを読み解ける高度な知性を持った生命体がいたとしても、受け取れるのはまだまだ先のこと。即座に解読して返信してきたとしても、その信号が地球に戻ってくるまでにはさらに２万５０００年

かかります。

アレシボメッセージへの返事はまだありませんが、次なるメッセージを送ることを検討している人たちがいます。A Beacon in the Galaxy（BITG）と名づけられた信号を考えたのは、NASAジェット推進研究所のジョナサン・ジァンさんたちです。バイナリコードに変換して電波で送るのはアレシボメッセージと同じですが、その内容はより充実したものになっています。

もちろん、宇宙人に理解することが難しい内容は避けたほうがよいでしょう。BITGでは、例えば人間の文化や言語に関する情報は入れないことにしました。地球上の人間どうしですら、文化や言語が違う人と意思疎通をするのは難しいですから。メッセージの1ページ目に入れられたのは、なんとバイナリコードと普通に私たちが使っている10進法の数字の変換について。その後、足し算と引き算、指数関数のグラフなど算数の内容が続きます。バイナリコードを解読できる知性があれば10進法も理解できるだろうし、それが理解できればその後に続くメッセージの内容も理解しやすいだろう、という研究者たちの最大限の親切心の現れでしょうか。

算数の後には、水素原子が出す光のスペクトル、DNAの構造、人間の形、太陽と惑星の大きさ、世界地図、地形の説明などが続きます。メッセージを受け取った相手が地球に連絡を取りたいときのために、地球が天の川銀河のどこにあってどの周波数で待ち構えているかという情報も盛り込みます。ちょっと欲張りすぎな気がしますが、大丈夫なのでしょうか。

アレシボメッセージを考案した地球外知的生命探査の先駆者であるフランク・ドレイクさんは、実際に宇宙に信号を送る前にノーベル賞受賞者を含む同僚たちに信号を見せてみました。ところが、バイナリコードが画像になっていることに気づいたのはたったひとり、内容が理解できた人はひとりもいなかったそうです。このメッセージを受け取る宇宙人は、よほど知性が発達していなくてはいけません。

むやみに宇宙にメッセージを送るのは危険ではないか、と考える研究者もいます。車いすの物理学者スティーブン・ホーキング博士は生前、宇宙人からの信号を捉えても返信するのは危険だ、と語っていたそうです。メッセージを頼りに宇宙人が地球を訪れたとしても、人類の文明は彼らにとってはバクテリアのようにとるに足らないもので、何の感慨もなく我々は消されてしまうのではないか、というのがホーキング博士の心配です。メッセージを読み解いたのならバクテリア扱いされることはないのでは？　とも思

いますが、相手がどんな考えを持っているかを知る手段はないので、どんな結末が待っているかはわかりません。

あなたなら、宇宙人にまず伝えたいことは何ですか？　あるいは、どこかの星からメッセージが来ていることに気づいたら、現地に行って何をしてみたいですか？　実際にどう対応するかはともかく、宇宙人とのコミュニケーションを考えることは私たち自身について深く考えることにもつながります。深く深く考えたその先に、まずは地球人どうしで喧嘩しないような知性を発達させていきたいものです。そして、何万年後かに来るかもしれないメッセージの返事を待ちましょう。

2031年、観測史上最大の彗星が太陽に最接近

彗星を見たことはありますか？　淡い尾を引いたように見える彗星の正体（核）は、氷と岩の集合体です。彗星は太陽系の中を移動していく天体で、太陽に近づくことで氷が解け、ガスや塵を噴き出すことで尾ができるのです。

2021年、ひとつの彗星が発見されました。発見者はアメリカのペドロ・ベ

ルナーディネリさんとギャリー・バーンスティーンさん。彗星には最大3名までの発見者の名前が付けられるので、ベルナーディネリ・バーンスティーン彗星と呼ばれることになりました。アマチュア天文家が趣味の天文観測の中で彗星を見つけることはよくありましたが、このおふたりはペンシルベニア大学の天文学者です。観測に使われたのは、チリ・セロトロロ汎米天文台の口径4mの望遠鏡と、5・7億画素の巨大なデジタルカメラ「ダークエネルギーカメラ（DECam）」です。

このカメラ、主な目的はその名の通りダークエネルギー（暗黒エネルギー）の性質を明らかにすることです。暗黒エネルギーとは、私たちが住む宇宙をどんどん膨張させている謎のエネルギーです。エネルギーに本来色はありませんが、謎に包まれているという意味で「暗黒」の名が与えられています。DECamを使って空全体の約8分の1にあたる5000平方度という広範囲を観測し、3億個もの銀河の写真を撮影する計画です。そして、銀河の分布のパターンを精密に調べることで、暗黒エネルギーの性質を解き明かそうというのです。

しかし、これほど広い宇宙を観測すると、さまざまなものが写り込みます。私たちの住む太陽系の中に浮かぶ天体も、もちろん写っています。研究者たちは膨大なデータを高性能なコンピュータで分析し、たくさんの未知の天体を見つけてきました。ベルナーディネリ・バーンスティーン彗星も、そのひとつ。発見が発表されたのは2021年ですが、実は2014年から2018年にかけて撮影されたDECamの画像に32回も写り込んでいました。その後、核の氷が解けてガスが広がっていることが確認されたことで、正式に彗星であることが認められました。

2014年に初めて撮影されたとき、「ベルナーディネリ・バーンスティーン彗星」は太陽から29天文単位の距離にありました。1天文単位は太陽と地球の間の距離（1億5000万km）で、29天文単位は太陽系最遠の惑星、海王星の軌道とほぼ同じくらいです。こんなに遠くで彗星が発見されたのは、史上初めてのことでした。太陽から遠ければ光も弱いので、彗星も暗いはず。それでも写真に写ったのは、この彗星の核が100～200kmと桁違いに大きかったからです。普通の彗星の核は数km、これまで詳しく観測された中で最大だったヘール・ボップ彗星が50kmほどと考えられているので、さらに2倍以上大きいのです。

ベルナーディネリ・バーンスティーン彗星の動きを詳しく調べてみると、もともとは太陽から4万天文単位という途方もない彼方からやってきたことがわかりました。太陽系の8惑星がある領域より1000倍も外側ですが、ここには氷や岩でできた小天体がたくさんあり、太陽系を取り巻いているのではないかと考えられています。提唱した研究者の名を取って「オールトの雲」と呼ばれています。オールトの雲の天体は、太陽系ができつつあった40億年以上昔に、太陽系のずっと内側にある木星や土星などの重力によって太陽系の果てまで弾き飛ばされてしまった天体たちの名残だと考えられています。つまり、太陽系ができたころの情報がそのまま氷漬けにされているのです。

「特大のタイムカプセル」と言えるベルナーディネリ・バーンスティーン彗星は、2031年に太陽に最接近します。その距離、11天文単位。これは土星より少し外側に相当します。地球からも遠いので、残念ながら肉眼で見て楽しめるほどの明るさにはならず、観察には望遠鏡が必要です。何百万年もかけて太陽に近づいてくる彗星をこの目で見られないのは残念ですが、天文学者はさまざまな望遠鏡を準備して待ち構えています。太陽系の過去を知るヒントが、この彗星から得られるかもしれません。

「太陽が死んだ後の太陽系」にそっくりな死んだ星系が見つかる

太陽の寿命はおよそ１００億年。現在46億歳と考えられているので、あと50億年くらいで最期の時を迎えることになります。現在の太陽は、中心部で水素原子核をヘリウム原子核に変える核融合反応で生み出されたエネルギーによって輝いていますが、中心部の燃料が使い尽くされると次の進化段階に移り、太陽は膨み始めます。最終的には、地球の軌道に届くほど大きくなってくると予測されています。大きく膨らむと、その表面では太陽の重力がとても弱くなっているので、ガスがどんどん外に流れ出していきます。一方でもともと太陽の中心部だったところは、「白色矮星」と呼ばれる高温・高密度な天体となって残されます。

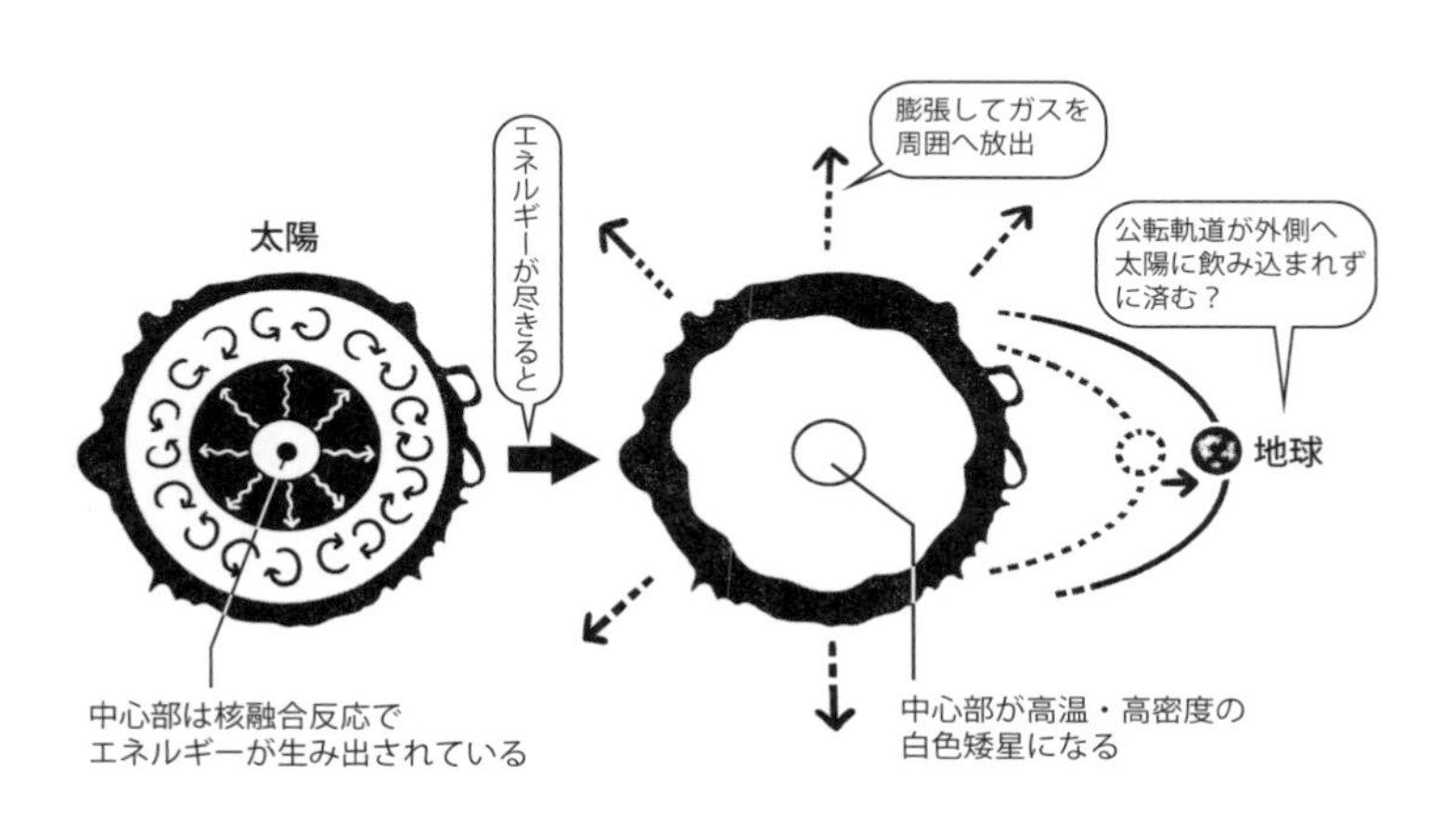

太陽が寿命を終えようとするとき、惑星たちはどうなってしまうのでしょうか。水星と金星はおそらく太陽に飲み込まれてしまうでしょう。では地球は？　やはり太陽に飲み込まれてしまうという説もありますが、ガスが流出してしまった太陽は軽くなっていて、その分重力も弱まります。このため、地球の軌道が少し外側に広がる可能性があります。すると、地球は辛うじて太陽に飲み込まれずに済むかもしれません。

そんな太陽系の未来を考えるう

えでヒントになる星系が、2021年に発見されました。その星は、地球から見て「いて座」の方向、7500光年の距離にあります。中心にあるのは、太陽の半分くらいの質量を持つ白色矮星。① そして、木星の1．4倍の質量を持つ惑星が回っていることがわかりました。この星系の姿を詳しく調べたのは、ハワイ・マウナケア山頂域にあるケック天文台。日本が運用するすばる望遠鏡のすぐお隣にある望遠鏡です。ケック天文台には口径10mの望遠鏡が2台設置されていて、数多くの驚くべき成果を挙げています。

実はケック天文台の観測以前には、太陽の中心にあるのは十分成長できず一人前の星になれなかった褐色矮星である可能性も指摘されていました。ケック天文台による詳しい観測で初めて、星が死んだ後に残される白色矮星であることがわかりました。これによって、私たちの太陽系の将来を示してくれる「先輩」であることが判明したわけです。

白色矮星のまわりに木星より重い惑星があるということは、この惑星は星の最期の時を生き延びたということになります。星の膨張も、星からのガス放出も乗

① Blackman, J.W., Beaulieu, J.P., Bennett, D.P. et al. A Jovian analogue orbiting a white dwarf star. Nature 598, 272 (2021).

り越えたわけです。ただ、これが一般的な姿なのかどうかはこの一例だけではわかりません。ＮＡＳＡが２０２０年代半ばの打ち上げを目指して開発しているナンシー・グレース・ローマン宇宙望遠鏡では、一生を終えた星も多く観測し、そのまわりに惑星があるかどうかをもっと大規模に調査する予定になっています。もし多くの場合で外側の惑星が生き残っているのであれば、太陽が一生を終えても木星や土星は大きな影響を受けずにいられるのかもしれません。50億年も先のことなので答え合わせをするのは難しいですが、まずは私たち人類の文明を長続きさせることが先決。そうすれば、もっともっと宇宙の謎を解き明かすこともできるでしょう。

Column④

火星に住むための人工重力施設・マーズグラス

皆さんは、火星に住んでみたいですか？　ちなみに私は地球に住むので十分ですが、それはなんといっても快適な環境があるからです。空気、水、食べ物、家族や友人、そして重力。もしこれらが火星でも十分に整えば、少しは住む気になるかもしれません。

火星は地球の半分ほどしかないので重力が地球の1/3しかなく、そのせいもあって大気が宇宙空間に逃げてしまい、水も表面にはありません。将来的に火星基地が建設できたとして、大気や水は基地内にしっかり確保することはできるでしょうが、重力を増やすのは簡単ではありません。しかし、地球の1/3の重力しかない環境でヒトの赤ちゃんが地球上と同じように育つことができるのか、まだ十分な研究はできていません。このままだと、火星移住は難しいでしょう。

そんな火星に住む環境を提案しているのが、京都大学と鹿島建設のグループ。2022年に「マーズグラス」という構想を打ち立て、その実現のための研究に着手しています。マーズグラスは、その名の通りグラスの形をした巨大な構造物を火星に建造するというもの。その構造物を回転させることで遠心力を生み出し、これを人工重力として使います。つまり、居住者はこのグラスの内側にへばりつくような形で暮らすのです。

地球から火星へは、新幹線サイズの「宇宙列車」でGo！　地表に設置されたレールガンで列車を宇宙に打ち出します。地球周回軌道上の宇宙ステーションに到着したら列車ごと巨大なカプセルに格納され、そのカプセルがロケット噴射することで目的地に向かいます。カプセルは回転して人工重力を作れるので、火星への長旅も安心。到着駅は、火星の衛星フォボスに作られた「火星ステーション」です。火星ステーションに着いたら列車がカプセルから放出され、火星表面に敷かれたレールに着地。火星の上では列車がそのまま高速鉄道として機能します。

なんだかいろんなSFの要素を詰め込んだ夢のような提案です。もちろん、現時点では夢のまた夢、ばかげていると思う方もいらっしゃるかもしれません。しかし、こういう突拍子もないアイディアを真面目に研究することで、初めて気づくこともあるのです。ものづくりの観点からの課題はもちろん、法律や倫理の面から見た課題や哲学的な問いも生まれることでしょう。「火星でゼロから社会を作るなら、どんなものがよいのか?」「そうまでして人類は本当に火星に行くべきか?」「もし行くべきだとして、これを実現するためには人類は何をすべきか?」など、いろいろ考えるべきことが思い浮かびます。こうした課題に取り組むことは、人類が当面地球で暮らすうえでもきっとプラスになることでしょう。

著者

平松正顕

国立天文台 台長特別補佐、天文情報センター 周波数資源保護室 講師。総合研究大学院大学 先端学術院 天文科学コース 講師（併任）。東京大学大学院理学系研究科天文学専攻 博士課程修了。博士(理学)。専門は電波天文学、科学コミュニケーションなど。月刊『星ナビ』の連載や、講演、文部科学省「一家に1枚宇宙図」の作成など、宇宙の面白さを共有する活動を積極的に行っている。また、最近は暗い星空など天文観測に適した環境を守る仕事を進めている。著書に『宇宙はどのような姿をしているのか』(ベレ出版)がある。

協力

ナゾロジー

身近に潜む科学現象から、ちょっと難しい最先端の研究まで、その原理や面白さをわかりやすく伝える科学系ニュースサイト。最新の科学技術や面白実験、不思議な生き物を通して、読者の心にナゾを解き明かす「ワクワクの火」を灯している。
https://nazology.net

X（旧Twitter）
ナゾロジー @科学ニュースメディア
@NazologyInfo

YouTube
ナゾロジー　科学動画チャンネル
https://www.youtube.com/@nazology-science

Bookstaff

イラスト：ササオカミホ（株式会社SASAMI-GEO-SCIENCE 代表／サイエンスデザイナー）
カバーデザイン：bookwall
校正：ペーパーハウス

ウソみたいな宇宙の話を大学の先生に解説してもらいました。

発行日　2024年　3月　3日　　第1版第1刷

著　者　平松　正顕
協　力　ナゾロジー

発行者　斉藤　和邦
発行所　株式会社　秀和システム
〒135-0016
東京都江東区東陽2-4-2　新宮ビル2F
Tel 03-6264-3105（販売）Fax 03-6264-3094
印刷所　三松堂印刷株式会社　　Printed in Japan

ISBN978-4-7980-7035-3 C0044